21世纪高等院校规划教材

计算机网络基础实训

李云峰　李　婷　编著

内 容 提 要

本书是与《计算机网络基础教程》（李云峰，李婷编著，中国水利水电出版社出版）相配套的实训指导教材。本教材注重对基本概念的掌握和能力本身的培养。在内容安排上，与理论教材有机结合，相互补充，满足课程教学对实训的要求；在写作上，力求内容新颖、翔实，概念清晰，实用性强、新颖有趣、实训步骤明了，可操作性强。

全书分为 7 章，内容包括计算机网络概述、网线制作与应用、计算机网络 TCP/IP 协议、组建局域网、路由器的配置、Internet 应用，以及网络安全与管理，共 24 个实训项目。每个实训项目都包括实训背景、实训目的、实训内容、实训条件、实训步骤和实训报告。通过实训，能够加深对理论知识的理解，掌握计算机网络技术的基本应用方法和应用技能，引导学生达到学以致用的目的。

本书可作为高等院校计算机类及相关专业“计算机网络基础”、“计算机网络”等课程的实训指导教材，也可作为从事计算机网络设计、建设、管理和应用的工程技术人员参考书。

图书在版编目（CIP）数据

计算机网络基础实训 / 李云峰，李婷编著. -- 北京
: 中国水利水电出版社，2010.1

21世纪高等院校规划教材
ISBN 978-7-5084-7013-9

Ⅰ. ①计… Ⅱ. ①李… ②李… Ⅲ. ①计算机网络－
高等学校－教材 Ⅳ. ①TP393

中国版本图书馆CIP数据核字(2009)第216434号

策划编辑：雷顺加　责任编辑：杨元泓　加工编辑：俞　飞　封面设计：李　佳

书　名	21 世纪高等院校规划教材 **计算机网络基础实训**
作　者	李云峰　李　婷　编著
出版发行	中国水利水电出版社 （北京市海淀区玉渊潭南路 1 号 D 座　100038） 网址：www.waterpub.com.cn E-mail：mchannel@263.net（万水） sales@waterpub.com.cn 电话：（010）68367658（营销中心）、82562819（万水）
经　售	全国各地新华书店和相关出版物销售网点
排　版	北京万水电子信息有限公司
印　刷	北京蓝空印刷厂
规　格	184mm×260mm　16 开本　10.25 印张　256 千字
版　次	2010 年 1 月第 1 版　2010 年 1 月第 1 次印刷
印　数	0001—4000 册
定　价	18.00 元

前 言

计算机网络是一门实践性很强的课程，要掌握好计算机网络知识，只有加强技能训练，方能达到应有的教学效果。有人说，计算机网络课程是三分理论，七分操作。可见，通过实训来加强实践动手能力的培养是何等重要。为此，我们编写了与《计算机网络基础教程》相配套的《计算机网络基础实训》一书。按照理论教学的进程与需要，在本书中同步地设计了7章教学内容，共有24个实训项目。

教学思想的贯彻依赖于教学内容的精心组织和合理安排。因此，教学内容的设计、结构和编排显得非常重要。本书在内容设计上，经过周密考虑和精心策划，做到基本理论与实践技能相结合，基础训练与岗位技能训练相结合，并且按照理论教学顺序和学习规律，从认识计算机网络到网络的配置，继而到网络的组建，直到计算机网络的安全与管理，都能得到系统的训练；在内容结构上，考虑知识的系统性和完整性，力求知识面宽、逻辑性强、结构合理、循序渐进；在内容编排上，做到简明扼要、操作步骤清晰、突出可读性和实用性、图形界面贯穿于操作之中，易于理解和掌握。具体说，本教材具有以下特点：

（1）本书从计算机网络基础教学的实际出发，突出针对性、实用性、实践性、科学性、先进性，力求从教材体系与专业发展、教学思想与内容、教学手段与方法上进行改革和创新。

（2）理论教学与实训教学内容相吻合。每一章都是某一类项目的集合，每个实训项目都是一个知识和技能的综合训练题。实训项目的目的明确、实用性好、可操作性强、重点突出。

（3）每个实训项目都是对所学的理论知识的应用与综合，每个实训项目中的实训背景都是对理论知识的扩展与延伸，以达到理论学习与实际应用的完美结合。

（4）每个实训项目都有详细的实训步骤，给出了实训拓扑结构图和实训过程中相关的界面图示，因而不仅使学生能按照要求完成实训任务，还能方便读者自学。

（5）每个实训报告中都有相关的思考题，以深化该实训内容，这是为学生带着实际问题去寻找理论方案而留下的引导性的上升空间。

尽管我们在本书的特色把握方面作了大量的探索与尝试，尽量做到切合工程实际，努力在常规中追求创新，在改革中寻找突破。由于计算机网络技术发展迅速，作者的认识水平和学识水平有限，加上时间仓促，书中不妥或疏漏之处在所难免，敬请专家和广大读者批评指正。衷心希望使用本教材的各教学单位和读者提出改进意见，以便我们进一步修订和完善。

本书由李云峰、李婷编著，其中，第3、5、6、7章中的实训步骤由方颂编写，第4章中的实训步骤由范荣编写。曹守富、姚波、谌炼军、辛国江、陆燕、周虹、刘冠群、刘艳、胡丽红等老师为本课程资源建设做了大量工作。

在编写过程中，参考了大量的国内外计算机网络文献资料。在此，谨向这些著作者和为本书付出辛勤劳动的老师深表感谢！

编 者

2009年10月

写在实训前面的话

为了便于实训教学并能收到良好的实训效果，每个实训项目设计了 4 个方面的内容，希望实训指导教师与同学们参照本实训教程，结合本校的实训条件，认真完成各项实训内容。

1．实训概述

实训概述包括实训背景、实训目的和实训内容。

（1）实训背景：简明扼要地介绍该项实训的理论依据和理论指导，或是实训的技术准备，以便将理论知识与工程应用相结合；在工程实现中的技术规范与要求；在具体应用中的技术参数与标准等。换句话说，实训背景为本实训项目提供理论依据和技术支持。

（2）实训目的：是让学生在具体操作之前知道该项实训的含义，达到加深对教材内容的理解和熟练掌握各知识点的目的。虽然不同的实训项目有不同的实训目的和具体要求，但其基本要求是相同的，那就是在各项实训中，要求学生认真按照各项实训要求进行操作。通过实训，熟练掌握基本知识内容，达到学以致用的目的。

（3）实训内容：根据理论教学大纲要求，设置并规划各个实训项目的基本内容，使理论教学与实际应用紧密结合，并通过实训教学，进一步加深对理论基础知识的理解和掌握。此外，实训内容的确定必须与实际应用紧密结合，以便实现理论学习与实践操作、在校学习与实际应用之间的“无缝连接”。实训内容的安排，原则上是一个实训单元时间完成一个实训项目。根据实训具体情况，也可以一个单元时间安排几项实训内容，或一个实训安排几个单元时间。

2．实训规划

实训规划是针对实训场地的实训条件和指导教师而言的，内容包括实训环境和实训拓扑。在实训前，指导教师必须认真准备好实训所用的硬件设备、软件环境和实训组件等。为了确保实训的顺利进行，每套设备都要仿真式的试验一遍。同时，为了使实训教学取得良好的教学效果，实训指导教师必须认真研究实训的教学方法，熟练地指导学生完成实训内容。

3．实训步骤

实训教学实际上就是岗前培训，战前演练。因此在实训教学过程中，必须严格按照操作规程和步骤，有条不紊地进行。这不但是保障实训顺利进行的前提，而且也有利于工作作风的培养。当然，教材中所提供的实训步骤是参考性的，指导教师应在实训教学过程中不断地探索、总结和提高，以便为学生提供更好、更规范、更科学的实训方法和步骤。

4．实训报告

实训报告可分为两大类：一类是基础与验证性实训（实验），另一类是综合与设计性实训。我们要求实训者应当尽可能地发挥自己的潜能，写出各具特色的实训报告，这也是工程技术人员不可或缺的一项技能训练。实训报告的基本内容如下：

（1）实训概况：概括本实训的主要内容、方法、步骤。

（2）实训过程：按照实训步骤，描述实训过程及其所出现的问题。

（3）实训分析：针对实训提出思考问题，为学生寻找理论指导留下的引导性上升空间。

（4）实训心得：通过实训，概述自己的体会、收获和见解。

目　录

第 1 章　计算机网络概述

计算机网络是一门实践性很强的课程，要掌握好计算机网络知识，必须加强技能训练，方能达到应有的教学效果。有人说，计算机网络课程是三分理论，七分操作。然而，任何知识和技能的学习都有从感性到理性，从简单到复杂的过程，本章实训的目的就是让计算机网络初学者对计算机网络有一个初步的认识和了解，并知道网络实训的重要性。

为了便于后面各个实训项目的顺利进行，本章安排了两个实训项目：一是认识计算机网络，以组织学生参观的形式提高学生对计算机网络的感性认识；二是安装计算机网络操作系统 Windows Server 2003。后续各章的实训都是基于 Windows Server 2003 的。

通过本章实训，了解计算机网络的基本概念和基本组成，掌握网络操作系统 Windows Server 2003 的安装方法，为后续各项实训奠定基础。

§ 1.1　认识计算机网络

1.1.1　实训概述

该项实训是参观演示性质的，所以应具有一个实际的计算机网络应用环境或计算机网络实训环境。

1. 实训背景

在计算机网络基础第 1 章中介绍了计算机网络的硬件组成、软件组成、逻辑结构、拓扑结构和其他概念。为了提高学生对计算机网络的理性认识和感性认识，任课老师应组织学生到学校网络信息中心或计算机网络实训中心参观。要求学生在参观学习的过程中，结合理论知识，认真听取介绍，仔细观察网络系统的连接、结构、组成和设备的型号等。

2. 实训目的

通过该项实训，让学生从感性上认识计算机网络硬件和软件的组成、功能以及网络应用情况，加强对计算机网络定义的理解。要求学生掌握计算机网络的分类及其拓扑结构，并能熟练使用网络上的资源。

3. 实训内容

（1）考察校园网的规模、基本设计思想、用户需求、软/硬件配置情况及其产品的型号和参数等。

（2）考察校园网使用的网络传输技术、网络布线、物理拓扑结构、逻辑拓扑结构。

（3）考察实现网络资源共享的方法和使用规则，认识常见的网络设备及其相互之间的关系。

（4）考察网络系统的性能、系统开发、网络的应用服务、网络的管理及维护等基本情况。

（5）考察校园网的接入方式、电信线路和出口地址等。

1.1.2 实训规划

1. 实训设备

计算机网络实训中心或网络中心的现有网络硬件设备，包括网络实训中心或网络中心所使用的网络操作系统、工具软件、应用软件等。

2. 实训拓扑

考察学校校园网的拓扑结构图，试分析图 1-1 所示拓扑结构图的功能特点。

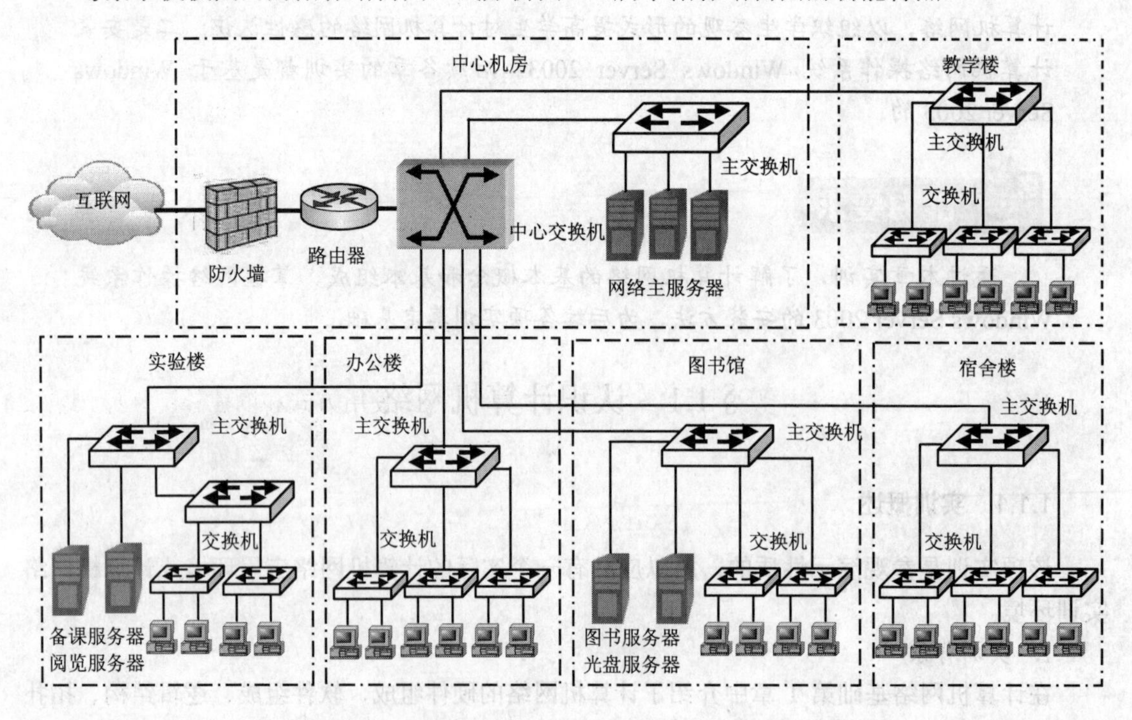

图 1-1 校园网拓扑结构示意图

1.1.3 实训步骤

按照指导老师的安排和要求参观学习。在参观过程中应分组进行，这样有利于同学们向老师提出相关问题，以及同学间相互讨论。

1. 考察网络设备

实地考察网络实训中心或网络中心的计算机网络设备，包括：

（1）计算机网络设备的种类、类型、功能作用等。

（2）计算机网络设备连接所采用的传输介质。

2. 考察网络配置

实地考察、查看工作站（学生用机）的网络硬件配置和软件配置情况。

3. 考察网络结构

实地考察本校计算机网络的拓扑结构。

4. 考察网络的对外连接

实地考察学校网络中心的网络出口、地址规划、网络带宽、网络连通的电信营业部门。

1.1.4 实训报告

1. 实训概况

实训概况主要包括：实训项目（内容）、实训地点、实训时间、实训环境（硬件与软件）。

2. 实训过程

按照实训步骤的内容，做好详细记录。

3. 实训思考

（1）根据计算机的网络结构，分析网络各部分属于什么类型？为什么要采用这种类型？

（2）网络各部分采用哪些设备？各自的功能作用是什么？哪些设备可以进行替换？

（3）简要分析该网络的性能（速度、可靠性、先进性、负载能力、性价比）特点，根据实际应用环境和需求分析，提出自己的设计思路。

4. 实训心得

简述通过该实训的收获与心得体会。

§1.2 安装 Windows Server 2003

Windows Server 2003 作为最新的网络操作系统，安装与使用方式和以往的网络操作系统相比更加方便容易。Microsoft 公司与许多硬件制作商合作，保证了用最新的驱动程序来支持大多数常用的硬件设备。但是，我们在安装 Windows Server 2003 之前，一定要了解 Windows Server 2003 的系统要求、硬件的兼容性、许可证方式、启动方式和文件系统等相关内容，只有这样，才能保证顺利安装并为网络管理员将来管理网络带来方便。

1.2.1 实训概述

1. 实训背景

（1）文件系统：在安装计算机操作系统时有一个极其重要的问题，那就是采用什么样的文件系统。目前，Windows 中使用的文件系统有 3 种类型：FAT16、FAT32 和 NTFS，它们都是 Windows Server 2003 支持的文件系统。由于 NTFS 文件系统是为 Windows Server 2003 系统而推出的，因而具有 FAT16、FAT32 所不具备的特点，如果不使用 NTFS 文件系统，则 Windows Server 2003 的许多功能就无法实现。

Windows Server 2003 使用 NTFS 文件系统，该文件系统在原有的安全特性（比如域和用户账户数据库）之上又加入了新的特性，如活动目录（Active Directory）、域（domain）、文件加密、分布式文件、其他的数据存储模式、磁盘活动的恢复日志、磁盘配额和对于大容量驱动器的良好扩展性。

把整个磁盘或某个磁盘驱动器做成 NTFS 文件系统的用户，可在安装 Windows Server 2003 时在安装向导的帮助下完成所有操作，即使以前的分区使用的是 FAT16 或 FAT32 文件系统，安装程序也可以很轻松地把分区转化为新版本的 NTFS 文件系统。安装程序会检测现有的文件系统格式。如果是 NTFS，则自动进行转换；如果是 FAT16 或 FAT32，会提示安装者是否转换为 NTFS。用户也可以在安装完毕之后使用 Convert.exe 程序把 FAT16 或 FAT32 的分区转化为新版本的 NTFS 分区。无论是在运行安装程序中还是在运行安装程序之后，这种转换都不会使用户的文件受到损害（相对于重新格式化磁盘）。

注意：如果需要在一台计算机上同时安装 Windows Server 2003 和其他早期的操作系统，则可以把系统配置成双重启动的模式。只有在这种情况下，才需要使用 FAT16 或 FAT32 文件系统对硬盘进行分区并分出主分区（启动分区）。如果服务器不需要配置双重启动功能，建议文件系统采用 NTFS 格式。

（2）软件版本：Windows Server 2003 有 4 个版本，4 个版本的性能特点如表 1-1 所示。

表 1-1 Windows Server 2003 四个版本的对比

产品	描述
Windows Server 2003 标准版	Windows Server 2003 标准版是一个可靠的网络操作系统，可迅速方便地提供企业解决方案。这种灵活的服务器是小型企业和部门应用的理想选择。 • 支持文件和打印机共享 • 提供安全的 Internet 连接 • 允许集中化的桌面应用程序部署
Windows Server 2003 企业版	Windows Server 2003 企业版是为满足各种规模企业的一般用途而设计的，是各种应用程序、Web 服务和基础结构的理想平台，提供高度可靠性、高性能和出色的商业价值。 • 是一种全功能的服务器操作系统，支持多达 8 个处理器 • 提供企业级功能，如 8 节点群集、支持高达 32GB 内存等 • 可用于基于 Intel Itanium 系列计算机 • 可用于支持 8 个处理器和 64GB RAM 的 64 位计算平台
Windows Server 2003 数据中心版	Windows Server 2003 数据中心版是为运行企业和任务所倚重的应用程序而设计的，这些应用程序需要最高的可伸缩性和可用性。 • 是 Microsoft 迄今为止开发功能最强大的服务器操作系统。 • 支持高达 32 路的 SMP 和 64GB 的 RAMA。 • 提供 8 节点群集和负载服务是它的标准功能。 • 可用于能够支持 64 位处理器和 512GB RAM 的 64 位计算平台
Windows Server 2003 Web 版	是 Windows 系列操作系统中的新产品，该版本用于 Web 服务和托管。 • 用于生成和承载 Web 应用程序、Web 页面以及 XML Web 服务。 • 其主要目的是作为 IIS 6.0 Web 服务器使用。 • 提供一个快速开发和部署 XML Web 服务和应用程序的平台，这些服务和应用程序使用 ASP.NET 技术，该技术是.NET 框架的关键部分

（3）硬件要求：Windows Server 2003 四个版本对硬件设备的最低要求如表 1-2 所示。

表 1-2 Windows Server 2003 各版本对硬件设备的最低要求

要求	标准版	企业版	数据中心版	Web 版
最小 CPU	133MHz	基于 x86 的计算机：133MHz； 基于 Itanium 结构计算机：733MHz	基于 x86 的计算机：133MHz； 基于 Itanium 结构计算机： 733MHz	133MHz
推荐最小 CPU	550MHz	733MHz	733MHz	550MHz
最小内存	128MB	128 MB	512MB	128MB
推荐最小内存	256MB	256MB	1GB	256MB
最大内存	4GB	基于 x86 的计算机：32GB； 于 Itanium 结构计算机：64GB	基于 x86 的计算机：64GB； 基于 Itanium 结构计算机： 512GB	2GB
多 CPU 支持	最多 4 个	最多 8 个	最少 8 个，最多 64 个	最多 2 个
安装系统所需磁盘空间	1.5GB	基于 x86 的计算机：1.5GB； 基于 Itanium 结构计算机：3.0GB	基于 x86 的计算机：1.5GB； 基于 Itanium 结构计算机： 3.0GB	1.5GB

2. 实训目的

Windows Server 2003 是计算机网络应用的必备软件环境。通过 Windows Server 2003 的安装、网络环境的配置、网络组件的添加和删除，使学生对系统有一个更全面的了解和认识，为以后的网络学习和使用打下一个坚实的基础。通过该实训，要求达到以下目的：

（1）了解 Windows Server 2003 所使用的文件系统和对硬件配置的要求；

（2）学会利用 Windows Server 2003 安装程序创建分区和选择分区格式；

（3）掌握 Windows Server 2003 的安装方式和安装步骤。

3. 实训内容

（1）学习安装 Windows Server 2003 标准版。

（2）根据需要增删 Windows Server 2003 网络组件。

（3）查询和设置 Windows Server 2003 的服务选项。

1.2.2 实训规划

1. 实训设备

（1）测试用 PC（1 台）。

（2）服务器（1 台，名为 Server 1）。

（3）交换机（1 台）。

（4）直通或交叉双绞线（2 根）。

2. 实训拓扑

本实训项目的拓扑结构如图 1-2 所示。其中，Server 1 的 IP 地址为 172.16.1.10。为了便于测试，需要配置一台 PC。当服务器 Server 1 安装完成后，利用 PC 进行测试。

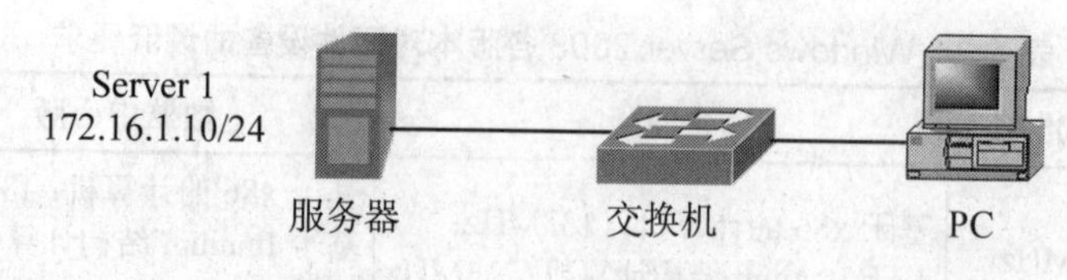

图 1-2 DNS 服务器规划

1.2.3 实训步骤

1. 软件的安装准备

（1）确定 Windows Server 2003 版本：Windows Server 2003 作为最新的网络操作系统，它的家族成员（标准版、企业版、数据中心版及 Web 版）的功能特点前面已经作了简要介绍。用户应根据网络应用的需求和各版本具备的功能特点，选择合适的 Windows Server 2003 版本。

（2）确定安装方式：Windows Server 2003 的安装一般有两种方式：全新安装和升级安装。

1）全新安装：删除计算机上原来的操作系统，或者在没有安装操作系统的硬盘或分区上进行安装。Windows Server 2003 支持从光盘安装或从局域网络安装。从光盘安装时，应该选择 24 倍速以上的 CD-ROM 驱动器或 4 倍速以上的 DVD-ROM 驱动器，从而能快速地从光盘中读取安装程序。从局域网络安装时，将需要 200MB~300MB 额外的硬盘空间。另外，还应该采用与 Windows Server 2003 兼容的网络接口卡和配套的网线。

2）升级安装：如果用户想保存原来的设置和应用程序，可将 Windows Server 2003 安装在现有的操作系统上。升级安装可以在较短的时间内完成，配置简单，原有的设置、用户、组、权限都将被保留，而且原来安装的许多应用软件也无需重新安装，硬盘上的用户数据也将被保存。鉴于这些优点，许多用户更倾向于采用升级安装的方式安装 Windows Server 2003。

为了充分发挥 Windows Server 2003 的性能特点，建议全新安装 Windows Server 2003。

（3）确定文件系统：Windows Server 2003 的磁盘分区支持 3 种类型的文件系统：FAT16、FAT32 和 NTFS。现在已经很少采用 FAT16 文件系统，FAT32 适合于较大容量的硬盘和长文件名，并且可以有效地利用硬盘空间。NTFS 文件系统比 FAT16 和 FAT32 的功能更加强大。Windows Server 2003 支持最新版本的 NTFS，该文件系统在原有的安全特性之上又添加了新的特性，安装程序很容易从原有的文件系统转换为新版本的 NTFS 格式。另外，用户也可以在完成安装之后，使用 Convert.exe 程序把 FAT16 或 FAT32 的分区转化为新版本的 NTFS 分区，并且确保用户的文件不受破坏。

2. 查看当前计算机的硬件情况

为了对用作服务器的硬件系统有所了解，在安装之前可查看配置情况，查看方法有两种：

（1）在计算机加电启动时通过系统自检屏幕查看。

（2）进入系统后，右击“我的电脑”，在弹出的快捷菜单中选择“属性”命令，打开“系统属性”对话框，选择“常规”选项卡，在该对话框中可以查看到当前计算机的基本配置情况。

3. 安装 Windows Server 2003

安装 Windows Server 2003 时首先要设置 BIOS 参数。开启电源后，在主机启动时连续按 Del 键进入 BIOS 设置界面，将 Boot Order 设置项下的 The First Dervice 设置为从 CD-ROM 启动，保存后退出。将 Windows Server 2003 安装光盘放入光驱，再次重新启动计算机，进入 Windows Server 2003，按照向导提示开始安装，具体操作步骤如下：

（1）安装程序首先将检测计算机系统的硬件设备，如 COM 端口、鼠标、软驱等，如图 1-3 所示。

图 1-3　硬件检测界面

（2）系统检测完硬件后，将进入安装提示界面，确定安装按 Enter 键，如果是想修复当前系统文件则按 R 键，如图 1-4 所示。

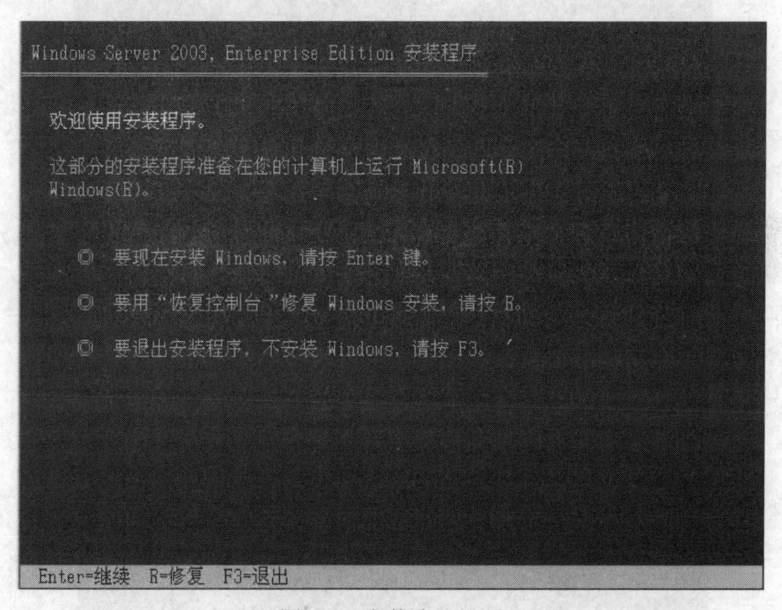

图 1-4　安装确认界面

（3）按 Enter 键后将进入 Windows Server 2003 授权协议界面，授权协议是微软公司对用户使用 Windows Server 2003 系统前的说明文档，请仔细阅读。如图 1-5 所示。

（4）按 F8 键接受协议（必须接受，否则退出安装），显示当前计算机的硬盘信息，选择“要在尚未划分的空间中创建磁盘分区，请按 C”选项，将新创建的一个系统分区用于安装 Windows Server 2003，如图 1-6 所示。

（5）为新建分区划分用来安装 Windows Server 2003 系统的容量大小，如图 1-7 所示。

Windows 授权协议

MICROSOFT 软件最终用户许可协议

MICROSOFT WINDOWS SERVER 2003, STANDARD EDITION
MICROSOFT WINDOWS SERVER 2003, ENTERPRISE EDITION

请仔细阅读以下最终用户许可协议（《协议》）。一旦安装或使用随此《协议》提供的软件（“软件”），即表明您同意本《协议》的各项条款。如果您不同意，则不要使用“软件”，同时，如果可行，您可以将其退回到购买处并获得全额退款。

在未征得您同意的情况下，此“软件”不会将任何可认明个人身份的信息从您的服务器传送到 MICROSOFT 计算机系统。

1. 通则。本《协议》是您（个人或单个实体）与 Microsoft Corporation（“Microsoft”）之间达成的法律协议。“软件”和任何相关媒体和印刷材料受本《协议》的约束。“软件”包括计算机软件（包括联机和电子文档）。本《协议》适用于 Microsoft 可能向您提供或使您可以得到的“软件”

F8=我同意　Esc=我不同意　Page Down=下一页

图 1-5　授权协议界面

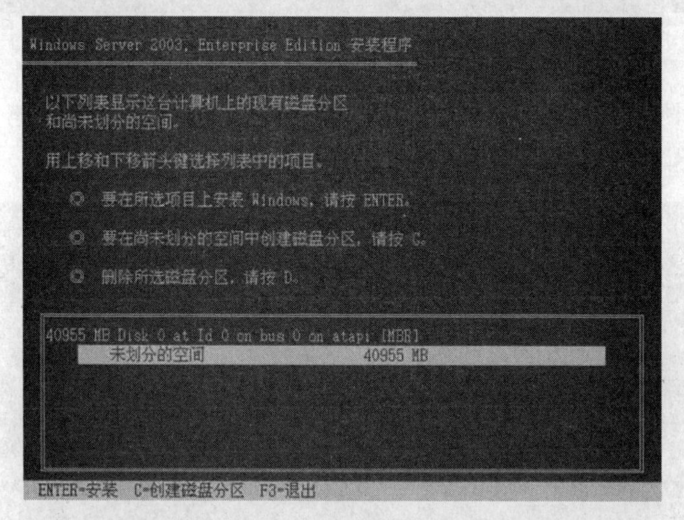

图 1-6　显示硬盘信息

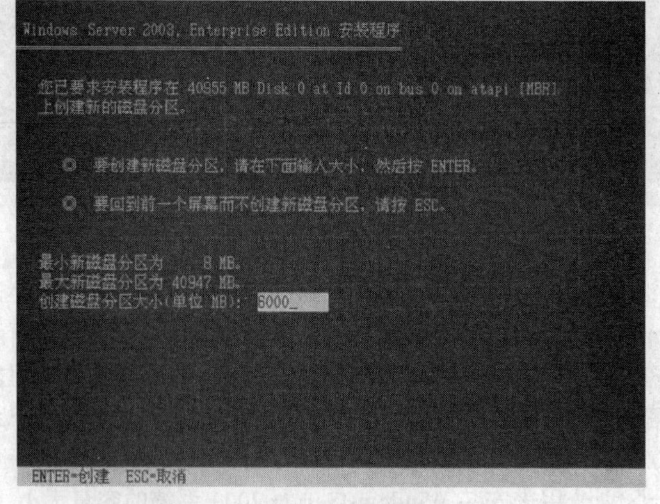

图 1-7　创建分区

（6）选择刚创建好的分区，按 Enter 键在新建分区上安装 Windows 2003，如图 1-8 所示。

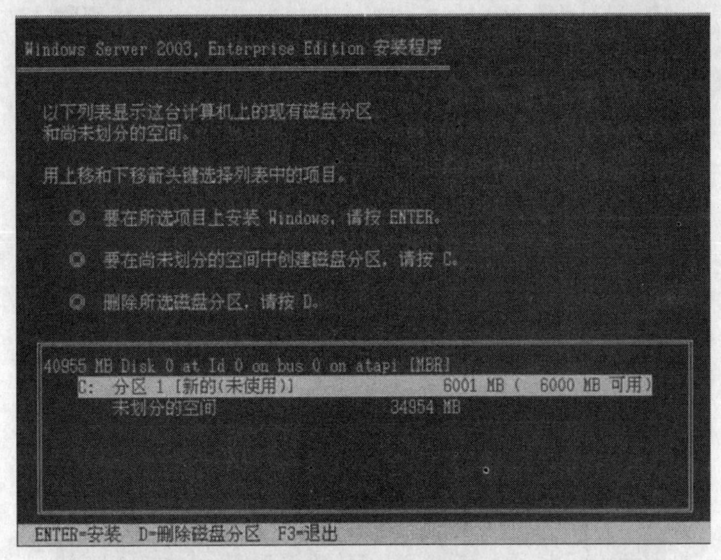

图 1-8 选择文件系统

（7）选择“用 NTFS 文件系统格式化磁盘分区”选项（推荐使用 NTFS 分区），如图 1-9 所示。

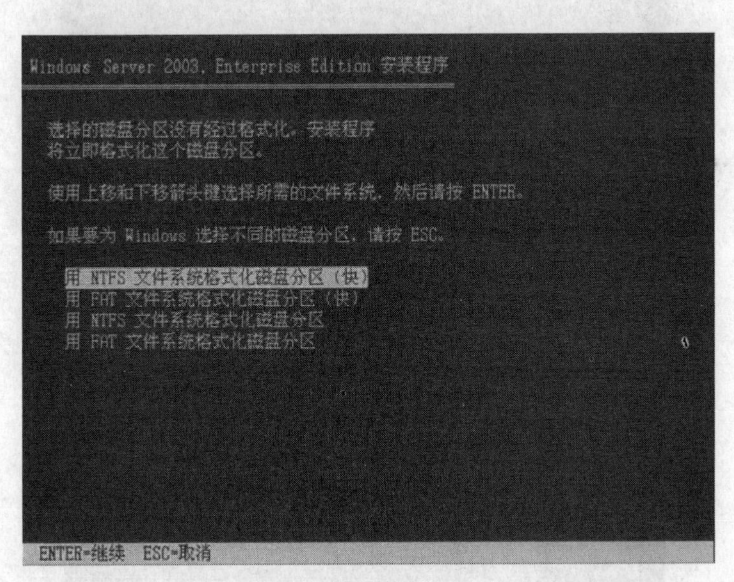

图 1-9 磁盘格式化界面

（8）格式化分区后，系统将进行磁盘检测并拷贝文件，在自动重新启动计算机后开始进入图形化界面安装过程，如图 1-10 所示。

（9）在“区域和语言选项”界面中可以选择你想要安装的语言，Windows Server 2003 支持很多种语言，用户可以根据需要自行添加，如图 1-11 所示。

（10）单击“下一步”按钮，设置系统使用者的用户姓名和单位，如图 1-12 所示。

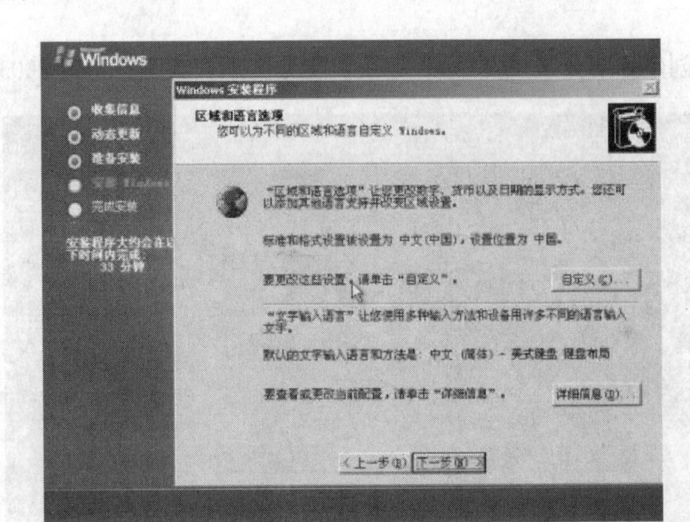

图 1-10　图形安装界面

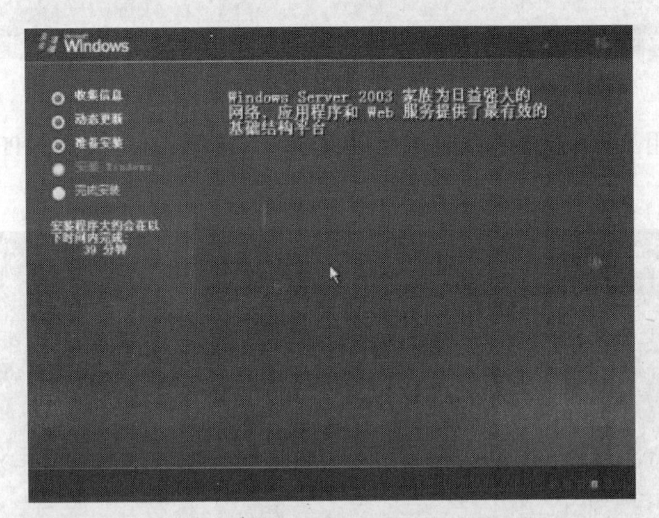

图 1-11　“区域和语言选项”界面

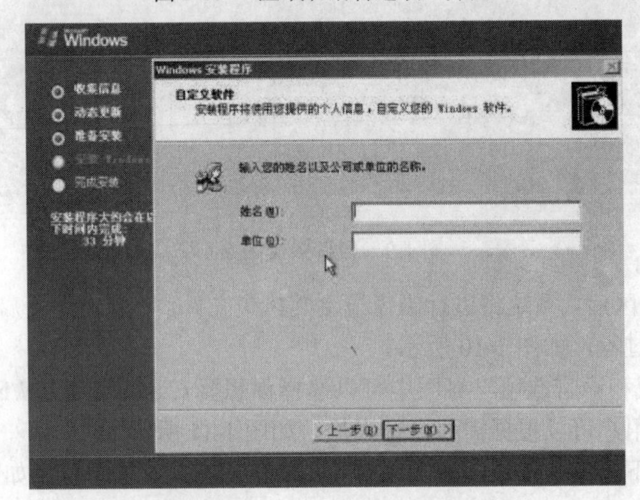

图 1-12　“个人信息”窗口

（11）在“您的产品密钥”界面中，输入 CD 盘封面上的密钥字符串（密钥字符串不正确将退出安装），如图 1-13 所示。

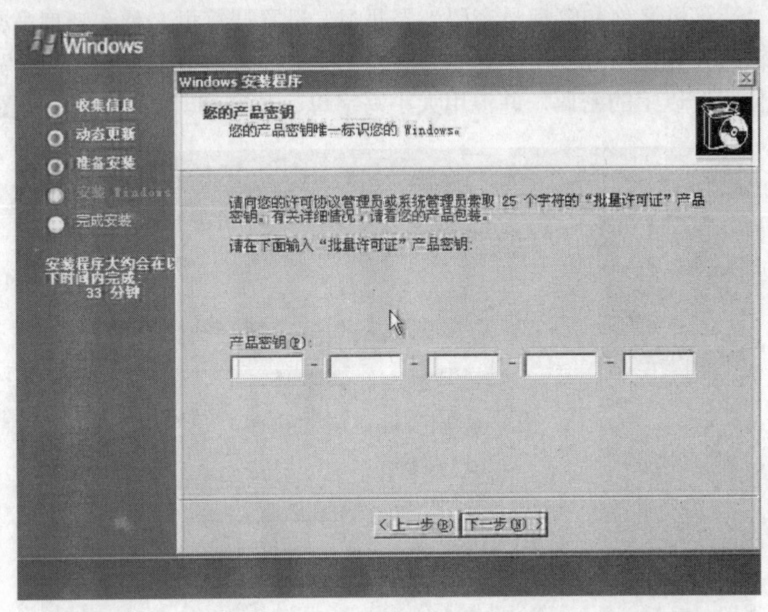

图 1-13　“您的产品密钥”界面

（12）在“授权模式”界面中，选择“每服务器，同时连接数”为客户端分配访问许可证数量，如图 1-14 所示。

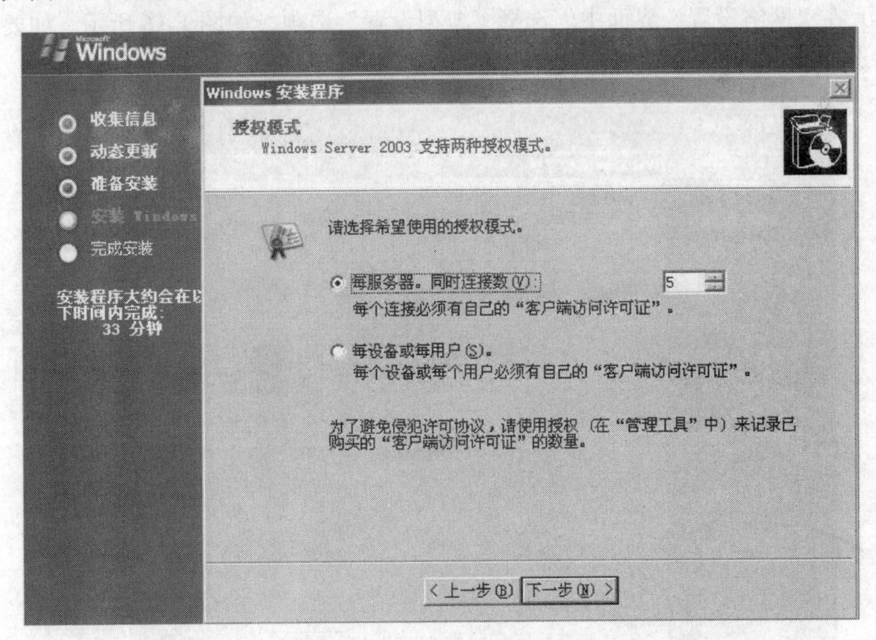

图 1-14　“授权模式”界面

“每服务器”模式：该模式是将 CAL（客户端访问许可证）分配给当前的服务器，当用户选择该模式时，还必须输入允许连接到该 Windows Server 2003 的数目，超过授权数量的连接将被拒绝。“每设备或每客户”模式：该模式不限制连接的数目，不过访问运行 Windows Server 2003 服务器的每一台设备或每一个用户都需要单独的 CAL。

（13）在“计算机名称和管理员密码”界面中，设置计算机名称和管理员密码，“在计算机名称”框中输入计算机名称；在“管理员密码”框中键入最多为 17 位的密码（为了安全可靠建议使用 7 位字符以上的密码，并混用大小写字母、数字和其他字符），如图 1-15 所示。

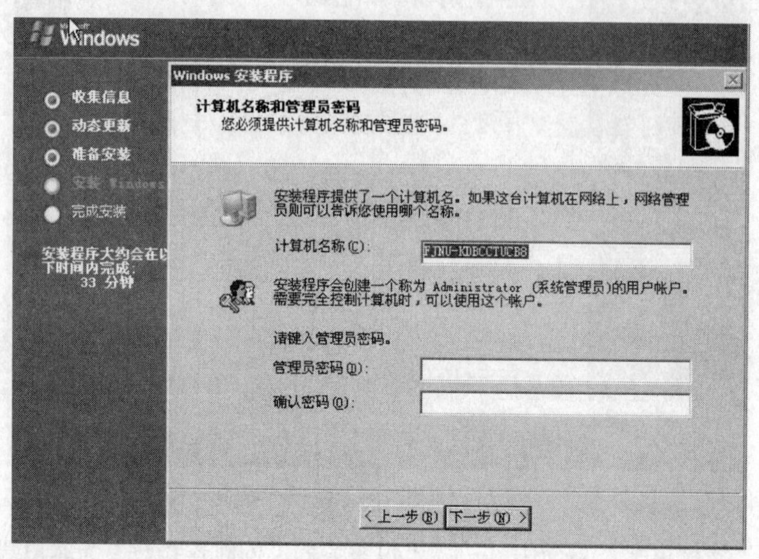

图 1-15 “计算机名称和管理员密码”界面

（14）在“网络设置”界面中，选择“典型设置”选项，如图 1-16 所示。如要手动设置 IP 地址请选择“自定义设置”选项进行高级设置。

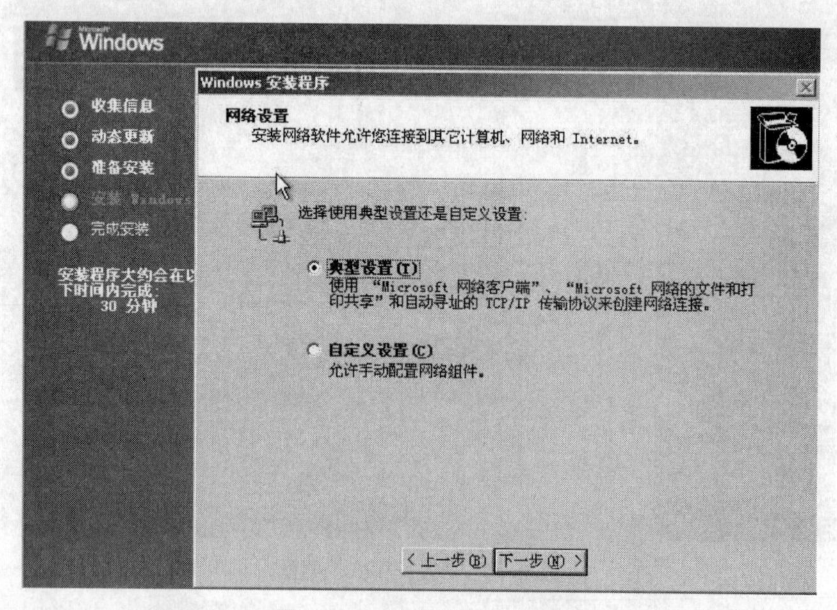

图 1-16 “网络设置”界面

（15）在“工作组或计算机域”界面中，为计算机设置要加入的工作组名称，如想加入域则选择“是，把此计算机作为下面域的成员”选项，如图 1-17 所示。

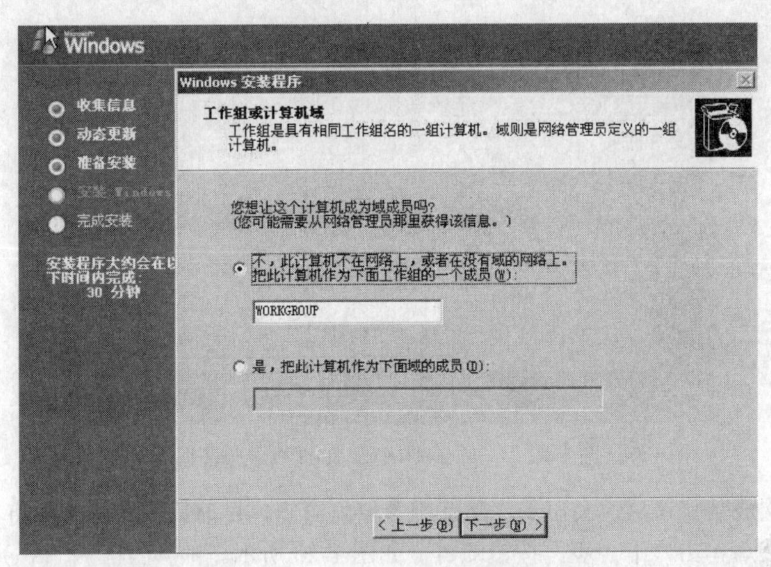

图 1-17 “工作组或计算机域”界面

（16）单击“下一步”按钮，在“完成 Windows Server 2003 安装向导”对话框中单击“完成”按钮。重新启动计算机后，Windows Server 2003 的安装过程全部结束。此时的服务器模式为独立服务器。

注意：如果计算机内只安装了 Windows Server 2003 而并未安装其他的操作系统，如：Windows 2000、Windows XP、Windows Vista 等。则会直接利用这个唯一的 Windows Server 2003 操作系统来启动。若安装了多套操作系统，那么在开机时只需选择要启动的操作系统，然后按 Enter 键即可。除非 Windows Server 2003 出现问题或要设置高级的选项才需要按 F8 键。例如，若启动后不小心将 VGA 显示模式设置错了，造成启动时屏幕无法正常显示时，就可以在此时按 F8 键，然后选择其中的“启用 VGA 模式”的选项，以便让 Windows Server 2003 利用标准的 VGA 驱动程序与标准的 VGA 显示模式来正常启动。

4. 登录测试

利用系统管理员账户登录到 Windows Server 2003 的步骤如下：

（1）重新启动后，当屏幕显示“请按 Ctrl－Alt－Delete 开始”窗口时，请同时按着 Ctrl 与 Alt 键不放，然后按下 Delete 键，如图 1-18 所示。

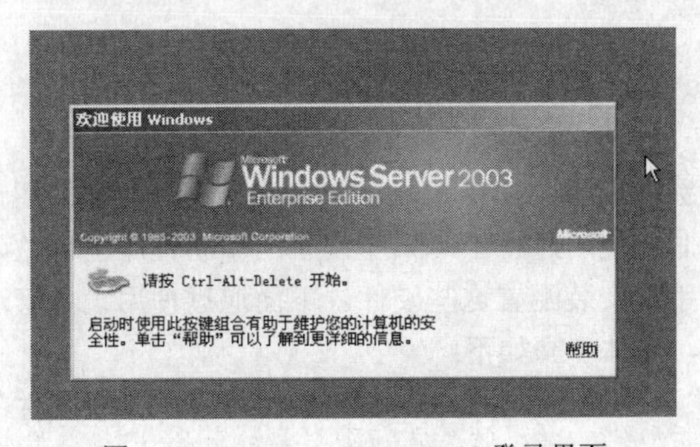

图 1-18 Windows Server 2003 登录界面

（2）在登录验证框中输入用户账户名称（例如 Administrator）和密码，如图 1-19 所示。

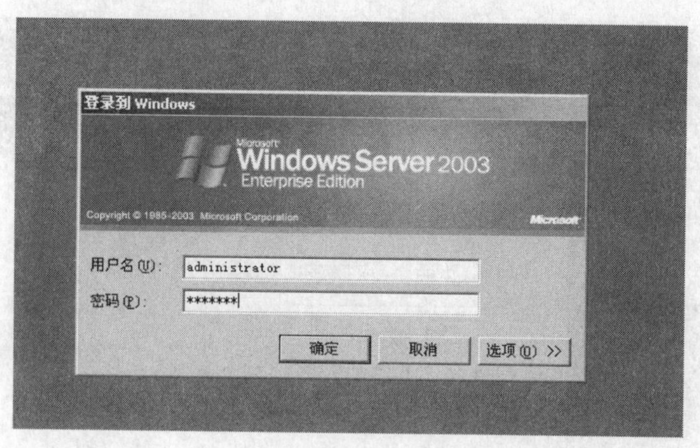

图 1-19　Windows Server 2003 登录验证框

（3）首次成功登录后，会出现“配置服务器”窗口，目前只需选择“我将在以后配置这个服务器”，然后单击“下一步”按钮即可，如图 1-20 所示。

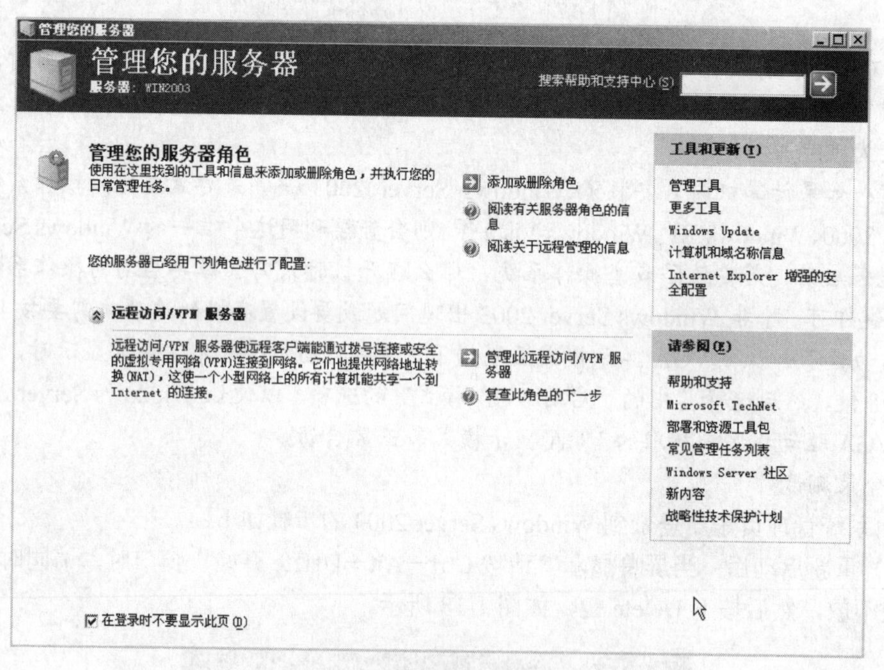

图 1-20　管理服务器窗口

5. 正确安装配置

计算机每添加一个新的设备，都会在下一次启动时进行即插即用识别，并对新识别的设备进行自动安装。但有时在使用过程中，某些设备的驱动程序出现故障而导致硬件不起作用或检测不到，这时需要手工安装配置这些硬件。下面通过使用设备管理器安装网卡为例来介绍硬件安装配置的过程，具体步骤如下：

（1）选择“开始”→“控制面板”→“系统”，打开“系统属性”对话框的“常规”选项卡，如图 1-21 所示。

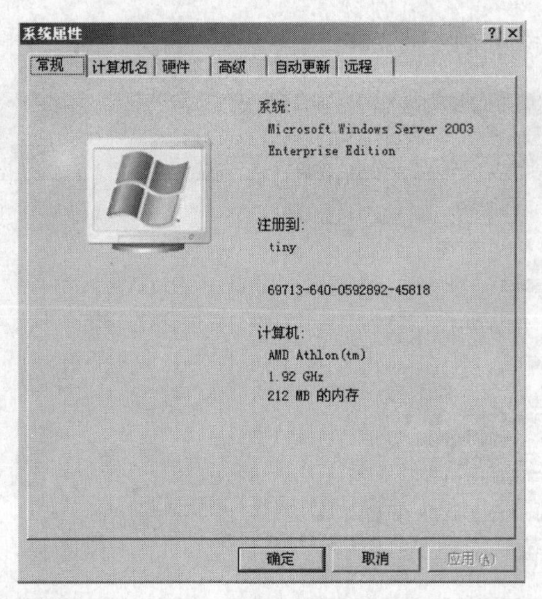

图 1-21　“系统属性”对话框

（2）选择“硬件”→“设备管理器”，打开“设备管理器”窗口，设备管理器列举了目前计算机中所有已经安装的硬件信息，如图 1-22 所示。

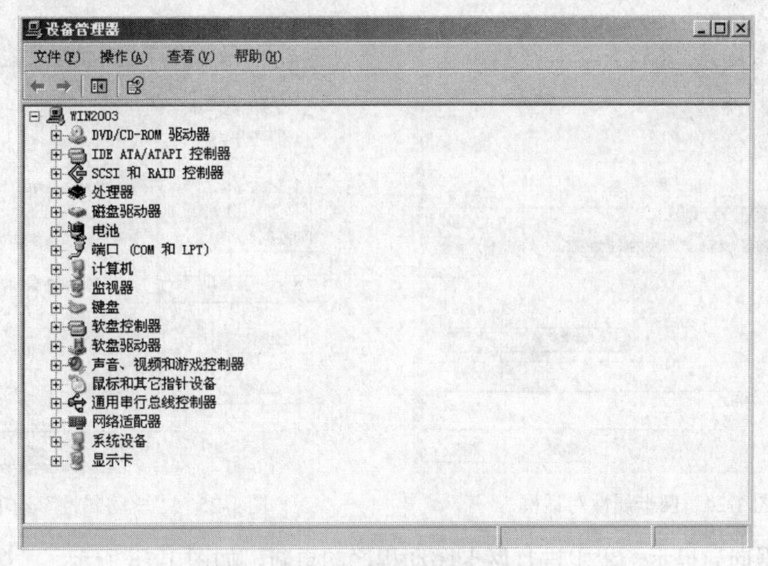

图 1-22　“设备管理器”窗口

（3）展开网络适配器可以查看网卡安装情况和了解网卡信息。如网卡前有“黄色感叹号”标记则表明网卡不能正常工作，标记为“黄色问号”表明系统不能辨别，如图 1-23 所示。

（4）在问题网卡上右击，选择“属性”命令，打开网卡属性对话框，如图 1-24 所示。

- “常规”选项卡：提供基本的硬件信息，如设备名称、型号和制造厂商等；
- “驱动程序”选项卡：提供设备当前安装的驱动程序信息，包括驱动程序的名称、提供者、日期、版本等。

（5）单击“驱动程序”选项卡，如图 1-25 所示。单击“更新驱动程序”按钮进入“硬件更新向导”，为硬件安装新的驱动程序。

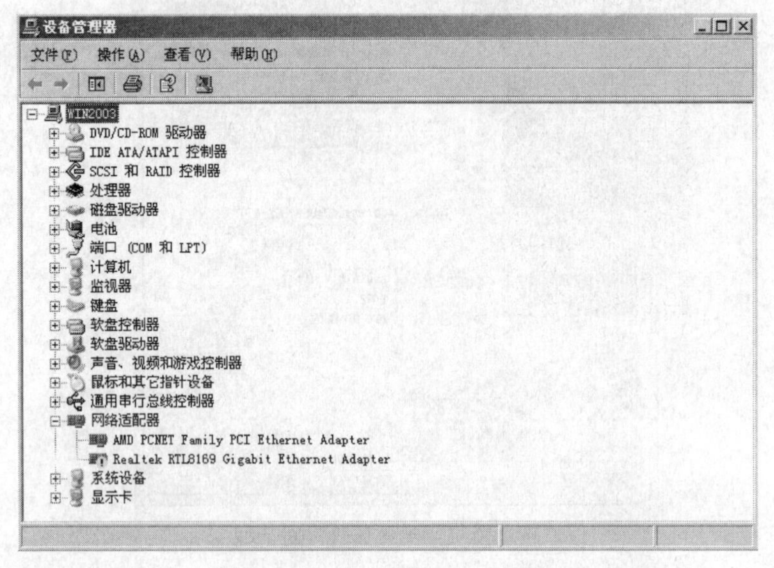

图 1-23 “设备管理器”窗口

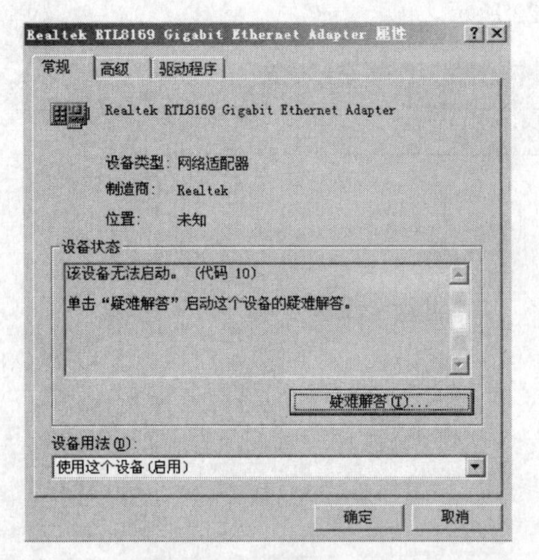

图 1-24 网卡属性对话框

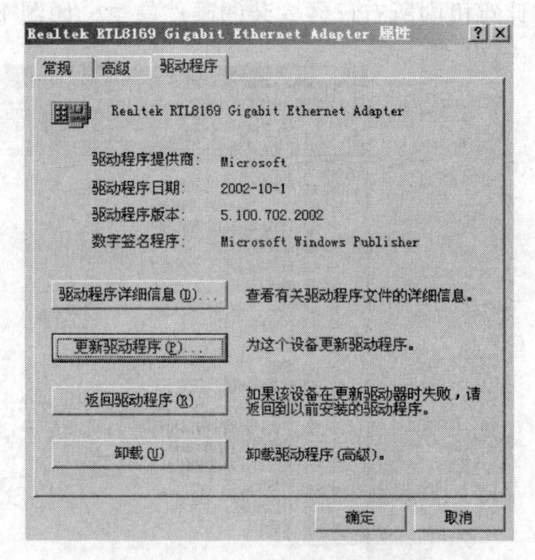

图 1-25 “驱动属性”选项卡

（6）根据向导提示一步步进行网卡驱动程序的更新，如图 1-26 所示。

6. 根据情况安装和删除指定的组件

Windows Server 2003 初始安装时，有些系统组件并没有安装，这时我们需要手动安装，下面以安装 DHCP 服务为例来说明如何安装系统组件，具体操作步骤如下：

（1）以管理员身份登录 Windows Server 2003，如图 1-27 所示。

（2）通过“开始”→“控制面板”→“添加或删除程序”打开“添加或删除程序”窗口，如图 1-28 所示。

（3）单击“添加或删除 Windows 组件”按钮进入系统组件安装界面，如图 1-29 所示。

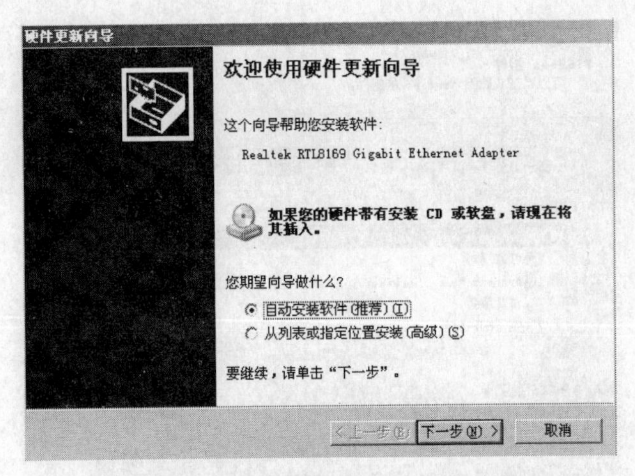

图 1-26　“硬件更新向导”界面

图 1-27　Windows Server 2003 登录验证框

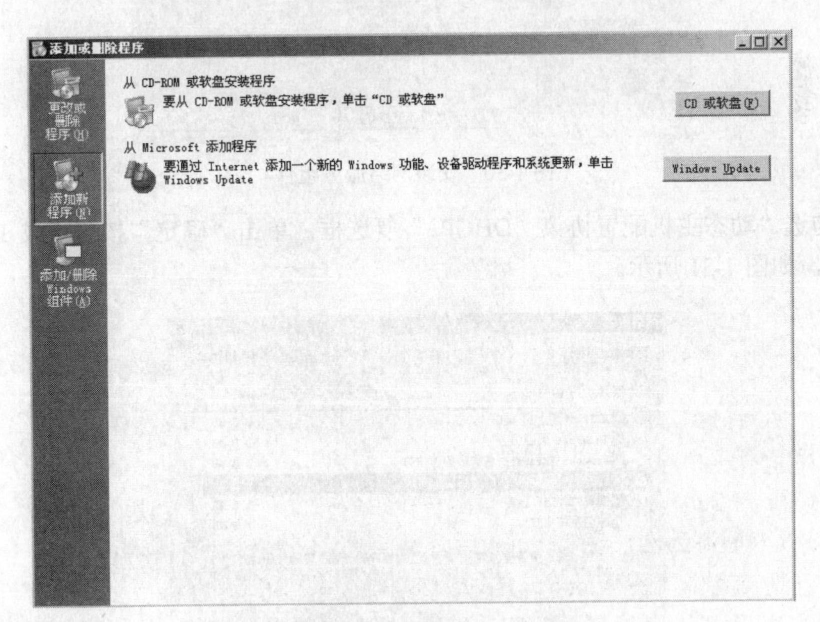

图 1-28　“添加或删除程序”窗口

（4）在组件列表中，单击“网络服务”（不要勾选复选框），然后单击“详细信息”按钮进行详细安装模式，如图 1-30 所示。

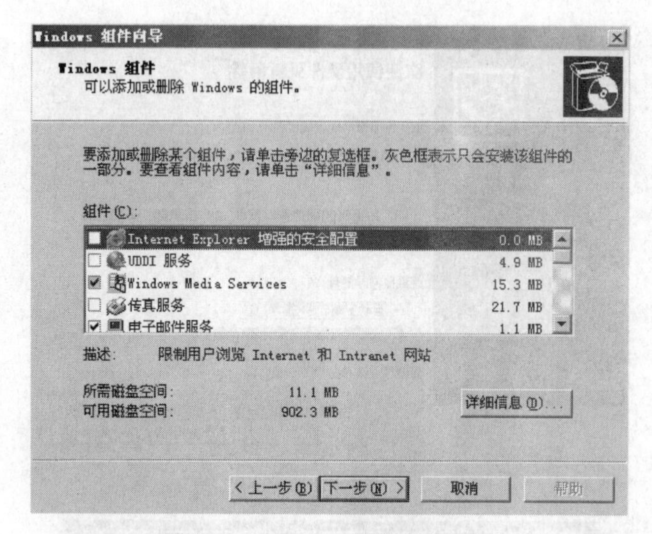

图 1-29　Windows 组件安装界面

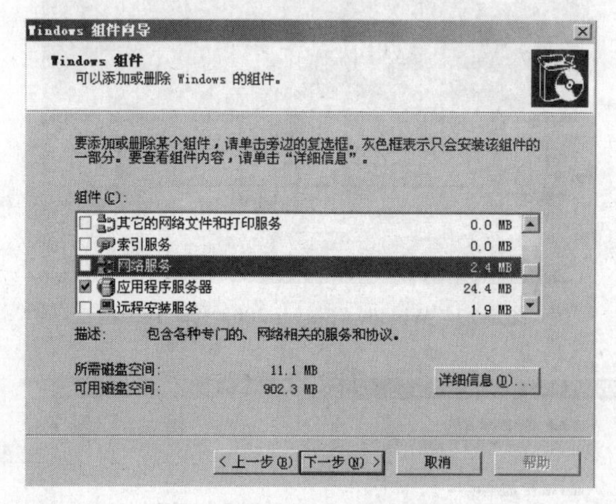

图 1-30　安装网络服务组件

（5）勾选“动态主机配置协议（DHCP）”复选框，单击“确定”按钮完成 DHCP 服务组件的安装，如图 1-31 所示。

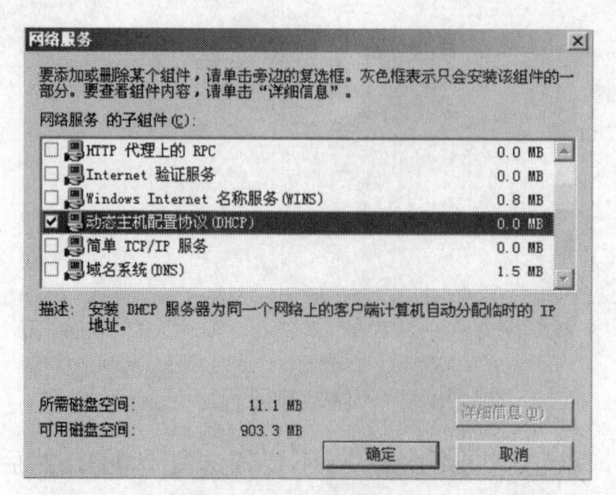

图 1-31　安装网络组件

（6）安装过程中需要使用到 Windows Server 2003 的系统光盘，如图 1-32 所示。

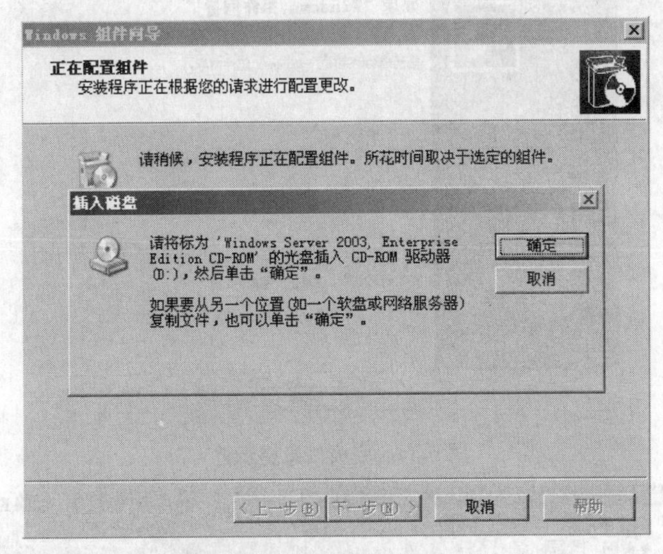

图 1-32　插入安装光盘提示框

（7）正确检测到光盘后，安装程序将 DHCP 服务器和工具文件复制到计算机中，如图 1-33 所示。

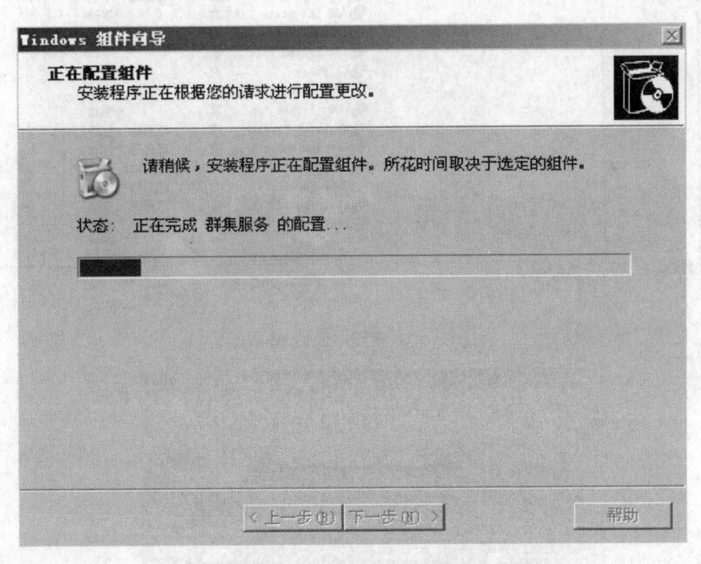

图 1-33　复制文件界面

（8）完成上述操作后，单击“完成”按钮，完成 DHCP 网络组件安装，如图 1-34 所示。删除组件为安装组件的逆过程（去掉勾选），这里不再赘述。

7. 查看和设置服务器运行的服务选项

（1）选择“开始”→“管理工具”→“服务”，打开“服务”窗口，如图 1-35 所示。

（2）双击某项服务在“启动类型”下拉框中可以设置该服务目前的启动类型，在“服务状态”显示框中可以查看该服务目前的启动状态，如图 1-36 所示。

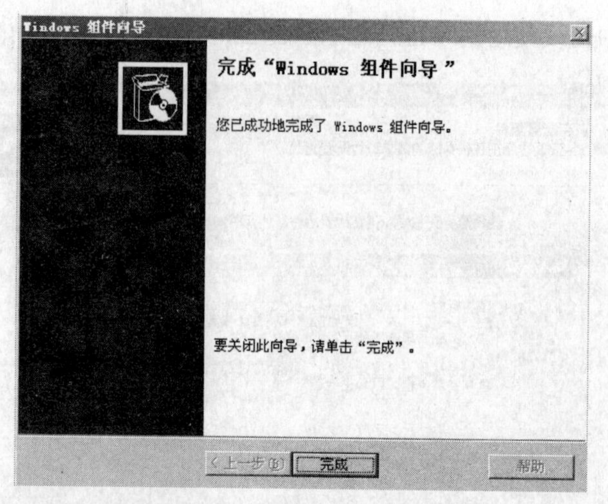

Windows 组件向导
完成“Windows 组件向导”
您已成功地完成了 Windows 组件向导。
要关闭此向导，请单击“完成”。
< 上一步(B)
完成
帮助

图 1-34　完成信息提示框

服务
文件(F) 操作(A) 查看(V) 帮助(H)
服务(本地)
服务(本地)
选择一个项目来查看它的描述。
名称 描述 状态 启动类型
Alerter 通... 禁用
Application Lay... 为... 手动
Application Man... 为 ... 已启动 手动
ASP.NET State S... 为 ... 手动
Automatic Updates 从 ... 已启动 自动
Background Inte... 在... 手动
ClipBook 启... 禁用
COM+ Event System 支... 已启动 手动
COM+ System App... 管... 手动
Computer Browser 維... 已启动 自动
Cryptographic S... 提... 已启动 自动
DHCP Client 为... 已启动 自动
DHCP Server 为 ... 已启动 自动
Distributed Fil... 将... 已启动 自动
Distributed Lin... 启... 手动
扩展 标准

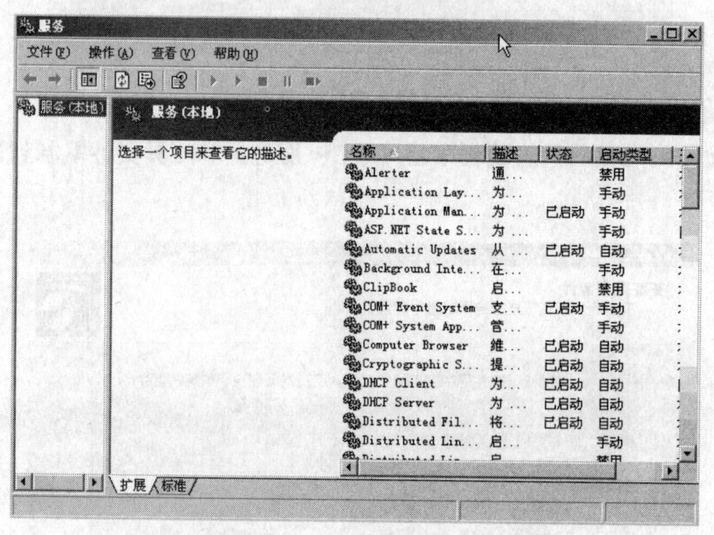

图 1-35　系统服务窗口

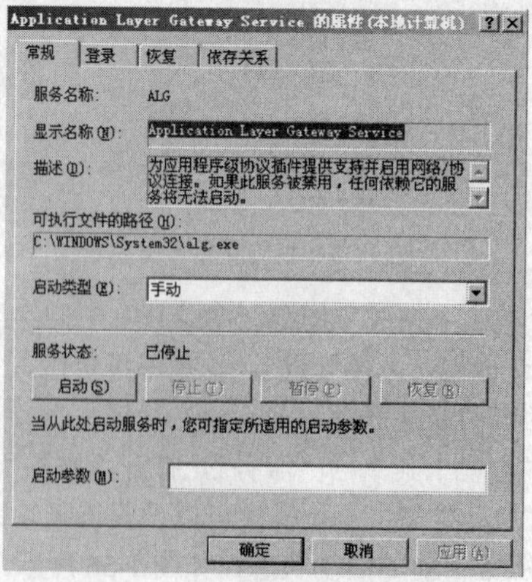

Application Layer Gateway Service 的属性(本地计算机)
常规 登录 恢复 依存关系
服务名称: ALG
显示名称(N): Application Layer Gateway Service
描述(D): 为应用程序级协议插件提供支持并启用网络/协议连接。如果此服务被禁用，任何依赖它的服务将无法启动。
可执行文件的路径(H):
C:\WINDOWS\System32\alg.exe
启动类型(E): 手动
服务状态: 已停止
启动(S) 停止(T) 暂停(P) 恢复(R)
当从此处启动服务时，您可指定所适用的启动参数。
启动参数(M):
确定 取消 应用(A)

图 1-36　“服务状态”显示框

（3）启动和停止服务：选择要启动的服务项，右击，在弹出的快捷菜单中选择“启动”命令即可，如图 1-37 所示。

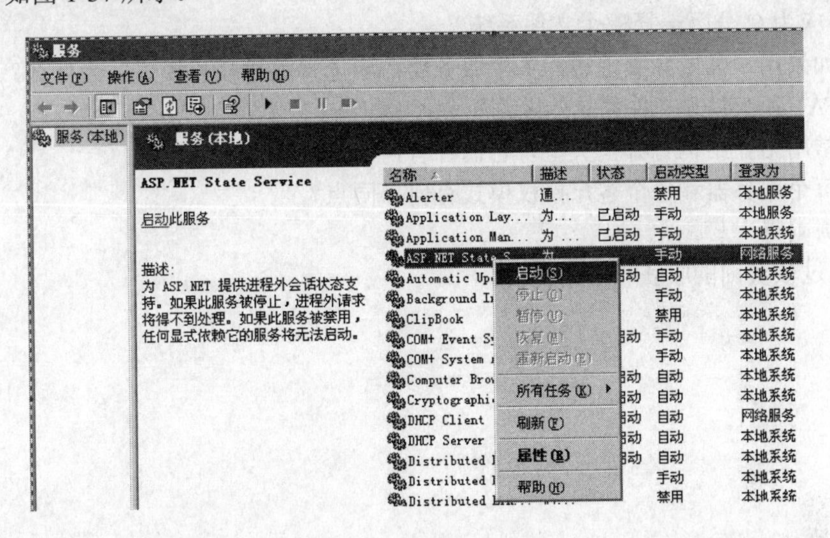

图 1-37　启动服务

（4）停止服务：选择要停止的服务，右击，在弹出的快捷菜单中选择“停止”命令即可，如图 1-38 所示。注意：当我们停止某项服务后，依赖于此项服务才能启动的其他附属服务也将被停止。

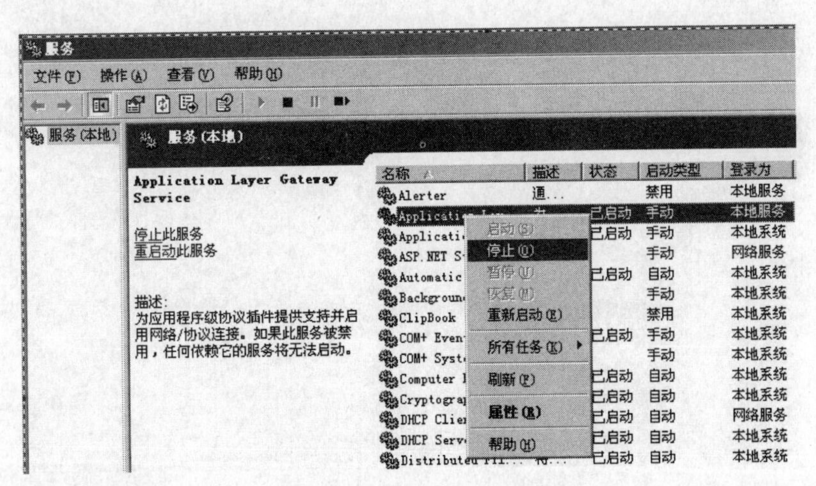

图 1-38　停止服务

1.2.4　实训报告

1. 实训概况

实训概况主要包括：实训项目（内容）、实训地点、实训时间、实训环境（硬件与软件）。

2. 实训过程

按照实训步骤的内容，做好详细记录。

3. 实训思考

（1）如果在运行 Windows 98 的计算机上安装 Windows Server 2003，并且希望具有双重启动配置，应为 C 分区选择哪个文件系统？

（2）如果用户需要频繁地访问多个服务器，应选择哪种授权模式？为什么？

（3）FAT 和 NTFS 文件系统的区别？

（4）常用拓扑结构有哪些类型？它们各有何特点？

（5）每个服务器和每个客户授权模式有何异同点？

4. 实训心得

简述通过项实训的收获与心得体会。

第 2 章　网线制作与应用

数据通信是计算机网络的基础，数据通信的基础是网络传输介质（即网络通信线，通常简称为“网线”）。在计算机网络建设过程中，网线的选择及网线连接器的制作对网络整体的性能起着决定性作用。因此，根据不同用途来选择和制作相应的连接网线是每一个学生必须掌握的一项技能。实现数据通信的另一个基本技术是计算机之间的互联，通过计算机互联实训，掌握实现计算机通信的相关概念。

本章安排了两个实训项目：①网络通信线的制作与连接；②两台计算机的互联。

掌握网络通信线制作与连接的基本技能和实现简单网络互联的基本方法。

§ 2.1　网线的制作与连接

网线的制作与连接是计算机组网技术和网络工程的基础，也是一项基础技能训练。熟悉并掌握网线的制作与连接是非常重要的。

2.1.1　实训概述

1. 实训背景

网络传输介质可以分为导向传输介质和非导向传输介质。其中非导向传输介质有无线电、微波、卫星、红外线等类型，而导向传输介质主要有同轴电缆、双绞线和光纤 3 类。如今，同轴电缆在计算机网络中已被淘汰。

（1）双绞线：是局域网布线中最常使用的一种传输介质，尤其是在星型网络中，双绞线是必不可少的布线材料。双绞线电缆中封装着一对或一对以上的双绞线，为了降低信号的干扰程度，每一对双绞线一般由两根绝缘铜导线互相缠绕而成，并且每根铜导线的绝缘层上分别涂有不同的颜色，以示区别。双绞线的结构如图 2-1 所示。

局域网中所使用的双绞线分为两类：屏蔽双绞线（Shielded Twisted Pair，STP）、非屏蔽双绞线（Unshielded Twisted Pair，UTP）。屏蔽双绞线由外部保护层、屏蔽层与多对双绞线组成。非屏蔽双绞线由外部保护层与多对双绞线组成。如果没有特殊要求，在计算机网络中一般使用非屏蔽双绞线，并且通常用于星状拓扑网络的布线。非屏蔽双绞线按照接线方式的不同，可分为直连双绞线和交叉双绞线两种类型。

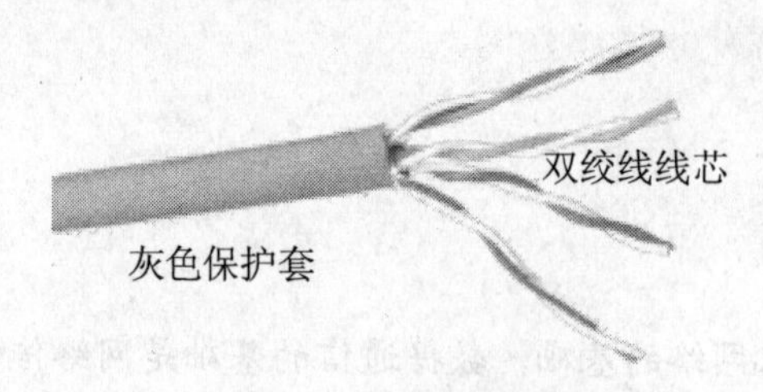

图 2-1 双绞线实物图

1）直连双绞线。每条非屏蔽双绞线通过两端安装的 RJ-45 连接器（水晶头）将各种网络设备连接起来。双绞线有其标准的连接方法，目的是保证线缆接头布局的对称性，以使接头内导线之间的干扰相互抵消，增强双绞线的抗干扰能力。

2）交叉双绞线。随着以太网接口在路由器、防火墙等设备上的广泛应用，在一些情况下需要利用交叉线来连接网络设备。

EIA/TIA（电气工业协会/电信工业协会）按电器特性将双绞线分为 7 类，并定义了各类相应的标准，具体内容如下：

1 类：主要用于传输语音（主要用于 20 世纪 80 年代初之前的电话线缆），而不用于数据传输。

2 类：主要用于低速网络的电缆，这些电缆能够支持最高 4Mb/s 的实施方案，这两类双绞线在 LAN 中很少使用。

3 类：在传统以太网（10M）中比较流行，最高支持 16Mb/s 的容量，支持速率为 10Mb/s 的以太网，主要用于 10Base-T 中。

4 类：在性能上比 3 类有一定改进，最高支持 20Mb/s 的容量。用于语音传输和最高传输速率 16Mb/s 的数据传输，比 3 类距离更长且速度更高的网络环境。主要用于基于令牌的局域网和 10Base-T/100Base-T。这类双绞线可以是 UTP，也可以是 STP。

5 类：增加了绕线密度，外层套一种高质量的绝缘材料，可以支持高达 100Mb/s 的容量。用于语音传输和最高传输速率为 100Mb/s 的数据传输，主要用于 100Base-T 和 10Base-T 网络，这是最常用的以太网双绞线。

超 5 类：是一个 UTP 布线系统，通过对它的“链接”和“信道”性能的测试表明，它超过 5 类线标准 TIA/EIA568 的要求。与普通的 5 类 UTP 比较，性能得到了很大提高。

6 类：2002 年 6 月，在美国通信工业协会（TIA）TR-42 委员会的会议上，正式通过了 6 类布线标准。该标准对 100Ω平衡双绞线、连接硬件、跳线、信道和永久链路作了具体要求，它提供 2 倍于超 5 类的带宽，改善了在串扰以及回波损耗方面的性能。6 类布线的传输性能远远高于超 5 类标准，最适用于传输速率高于 1Gb/s 的网络，它为组建高速网络提供了便利。

7 类：是一套在 100 Ω 双绞线上支持 600Mb/s 带宽传输的布线标准。与 4 类、5 类、超 5 类和 6 类相比，7 类具有更高的传输带宽。

目前，计算机网络综合布线使用最多的是 5 类、超 5 类和 6 类双绞线。使用双绞线组网时，它与其他网络设备（例如网卡）连接必须使用 RJ-45 接头（通常称为水晶头），如图 2-2 所示。

双绞线的主要优点是单位长度的价格最低、安装方便，主要缺点是抗高频干扰能力差。

双绞线多用于星型网络拓扑结构，即以集线器或交换机为中心，各计算机用一根双绞线与之相连，这是目前最常见的连网方式，目前广泛应用在结构化布线系统中。此外，还可以通过电话线上网，或通过现有电力网电缆建网。

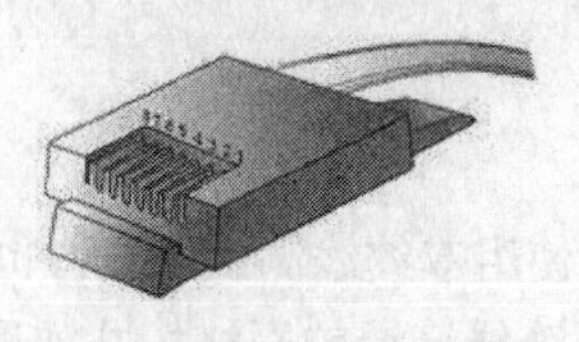

（a）RJ45 接头示意图

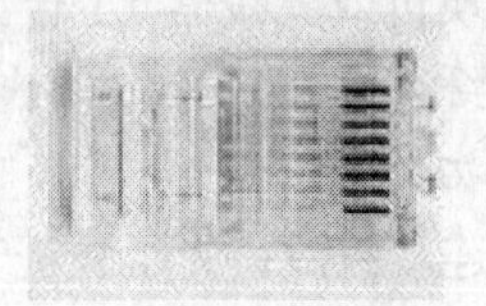

（b）RJ45 实物图

图 2-2　RJ45 接头

3）直连和交叉双绞线的选择。在具体设备连接时，一般只需要使用一种双绞线，选择规则为：

- 主机与主机相连。在主机的 10Mb/s 或 100Mb/s 网卡直接连接时，用交叉双绞线将两个网卡连接起来，实现主机之间的直接通信。
- 主机与交换机相连。主机网卡与交换机连接时采用直通双绞线。
- 交换机与交换机的级联。交换机级联不仅可以扩充端口数量，而且能延伸网络直径。若采用专用级联端口（如 Uplink）级联，则采用直通双绞线；如果交换机没有级联端口，而是采用普通端口级联，则采用交叉双绞线。集线器的连接与交换机的连接情况相似。
- 网卡与光收发模块相连。主机网卡与光收发模块之间的相连采用交叉双绞线。

（2）光纤：随着光通信技术及其产品的日臻成熟，光纤已大量应用于计算机网络的组建之中，包括计算机局域网。与双绞线等铜缆相比，光纤在容量、连接距离、抗干扰等方面都具有明显优势。但由于光纤的熔接需要由专业技术人员利用较为昂贵的专业设备来完成，所以这里仅介绍常用光纤连接器的类型及连接方法。

2. 实训目的

（1）掌握非屏蔽直连双绞线的制作方法（剥、理、插、压）和在计算机中的应用。

（2）掌握非屏蔽交叉双绞线的制作方法（剥、理、插、压）和在计算机中的应用。同时，对比直连双绞线与交叉双绞线和全反双绞线的区别、制作和使用环境。

（3）掌握光纤通信的特点，熟悉光纤通信与铜缆通信的本质区别，了解各类常见光纤连接器的形状及连接方式。

（4）掌握双绞线连通状态测试方法（简易测线仪和观察连接状态指示灯）。

3. 实训内容

（1）制作一根直连线，并用测线器测试其连通性。

（2）制作一根交叉线，并用测线器测试其连通性。

（3）制作一根全反线，并用测线器测试其连通性。

（4）考察各类常见光纤连接器的形状及连接方式。

2.1.2　实训规划

1. 实训设备

（1）双绞线测线仪。

（2）非屏蔽（UTP）5类双绞线、RJ-45接头（水晶头）若干个。

（3）制作双绞线工具（剥线/压线钳）。

（4）安装Windows Server XP操作系统和装有网卡的微型计算机（2台）。

（5）交换机或集线器（1台）。

（6）光纤收发器（2个），光纤跳线（2根）。

2. 实训拓扑

（1）直连双绞线：为了验证直连线的连通性。可以使用双绞线测试工具，也可以用所制作的直连双绞线来连接计算机和交换机（或集线器），直连线连通的网络拓扑如图2-3所示。

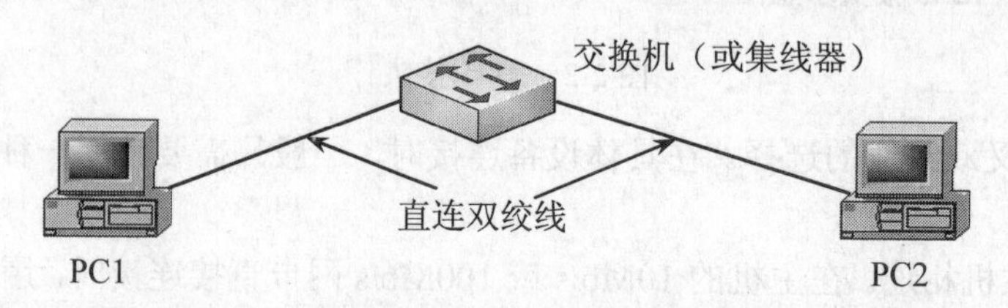

图2-3 用于测试直连双绞线连通性的网络拓扑

（2）交叉双绞线：主要用于连接两台同类型的设备，所以在本实训中可以制作一条交叉双绞线来连接两台计算机，通过网卡指示灯来检测交叉线的连通性。网络拓扑如图2-4所示。

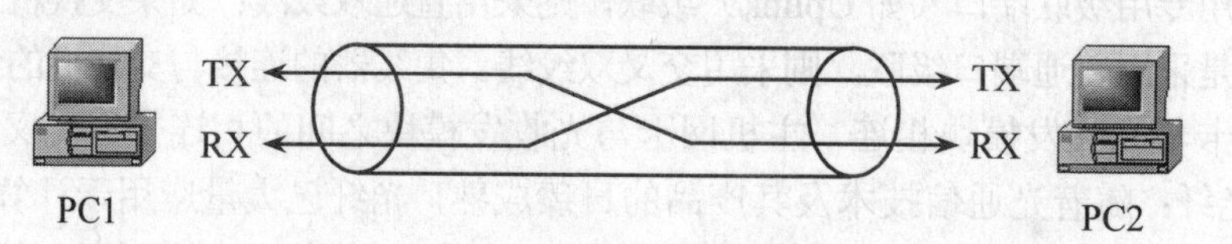

图2-4 用交叉线连接两台工作站

（3）光纤连接：需要使用两台光纤收发器通过光纤跳线进行连接。光纤跳线是指桌面计算机或直接相连接的光纤。光纤一般成对使用，一根光纤用于数据发送，另一根光纤用于数据接收。使用光纤跳线的目的是为了方便设备的连接与管理。计算机与光纤收发器之间使用直连双绞线进行连接，如图2-5所示。

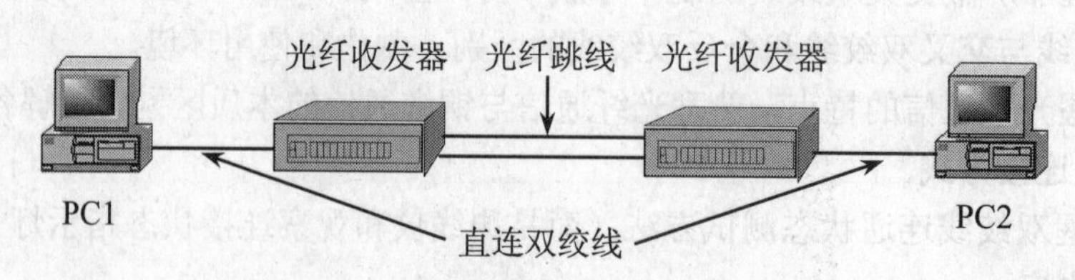

图 2-5 用光纤收发器连接两台设备

2.1.3 实训步骤

1. 直通双绞线的制作

直通双绞线的制作可分为4个步骤，即剥线、理线、插线、压线。

（1）剥线：根据需要的长度用压线钳的剪线刀口取双绞线一段，但其长度不超过100m，用剥线钳上的剥线刀口将双绞线的一端剥掉约2cm的外皮，露出UTP电缆中的8根导线。

（2）理线：将8根导线的绞扭拆开、理顺、平直、排拢。然后，将按EIA/TIA-568-B（简称 T568B）标准排好顺序两两绞合成 4 对双绞线。EIA/TIA-568-A（简称 T568A）或 EIA/TIA-568-B（简称 T568B）的排线顺序见表 2-1。

表 2-1　UTIP 排线顺序

标准	1	2	3	4	5	6	7	8
T568A	绿白	绿	橙白	蓝	蓝白	橙	棕白	棕
T568B	橙白	橙	绿白	蓝	蓝白	绿	棕白	棕

EIA/TIA-568-A 或 EIA/TIA-568-B 针脚与线对连的排线顺序如图 2-6 和图 2-7 所示。

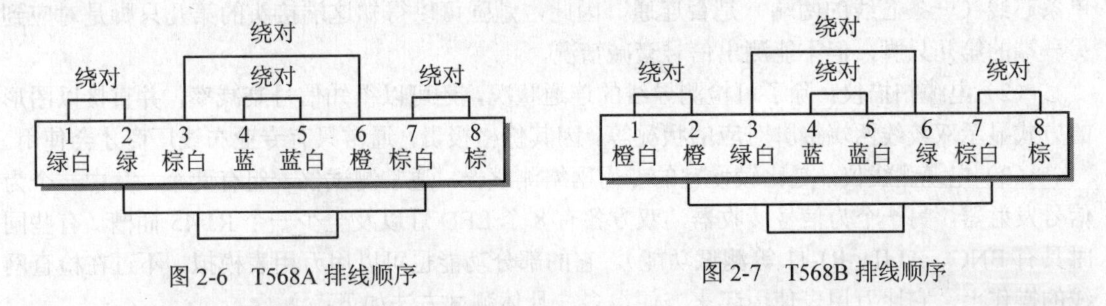

图 2-6　T568A 排线顺序　　　图 2-7　T568B 排线顺序

（3）插线：用剥线钳的剪切刀口将双绞线端头剪齐，并留下约 12mm 的长度。取一个水晶头，将带有金属片的一面朝上，将双绞线的 8 根线插入 RJ-45 头内（应尽量往里插，直到 RJ-45 的另一端能看到 8 个亮点），这一步完成后还应检查一下各线的排列顺序是否正确。

（4）压线：将已插入双绞线的 RJ-45 头放入线钳的压线口内，（此时要注意将双绞线的外皮一并放在 RJ-45 头内压紧，以增强其抗拉性能）并用力将压线钳压到底，再将其取出，则双绞线的一端与 RJ-45 头的连接就做好了。

重复同样的步骤将双绞线的另一端也接上 RJ-45 水晶头，则一根直通双绞线制作完毕。

PC 等网络设备连接到 Hub 时，通常使用的网线为直通双绞线，一端连接到 Hub 的普通端口上，另一端连接到 PC 网卡上。

2. 交叉双绞线的制作

（1）～（4）：与直通双绞线的制作步骤一样。

（5）制作另一端：制作交叉双绞线时，一端按 T568B 标准按前面介绍的方法接上 RJ-45 水晶头，将双绞线的另一端按 T568A 标准接上 RJ-45 水晶头。

由此可见，如果两个接头的线序都是按照 T568A 或 T568B 标准制作，则为直通双绞线；如果一个接头的线序按照 T568A 标准制作，另一个接头的线序按照 T568B 标准制作，则为交叉双绞线。

3. 全反线的制作

双绞线的两头按表 2-2 所示的线序制作，线的两端的信息引脚顺序为对方引脚的倒序，压线方法参照直通线的制作。

DB-9 是 PC 机的 COM 口，全反线需要使用 DB-9/RJ-45 的转接头进行接口的转换。主要用于计算机 COM 口与路由器或交换机的 Console 端口连接进行配置。

4. 双绞线的测试

双绞线制作完成后，需要确保双绞线的连通性，这时需要借助测试工具。常用的测试工具有万用表、电缆扫描仪（Cable Scanner）、电缆测线仪（Cable Tester）三种。

表 2-2 UTP 全反线的排线顺序

1	2	3	4	5	6	7	8
橙白	橙	绿白	绿	蓝白	蓝	棕白	棕
8	7	6	5	4	3	2	1
棕	棕白	蓝	蓝白	绿	绿白	橙	橙白

（1）万用表：是测试双绞线是否正常的基本工具，当然使用起来不太方便。它只能测量单条芯线（一条芯线的两端）是否连通，因此，勉强可以得知这端接头的第几只脚是对应到另一端的第几只脚，但不能测出信号衰减情况。

（2）电缆扫描仪：除了可检测导线的连通状况，还可以得知信号衰减率，并直接以图形的方式显示双绞线两端接脚对应的状况等。因其价格极贵，通常只有专业布线厂商才会使用。

（3）电缆测线仪：是比较便宜的专用网络测试器，通常测试仪一组有两个：其中一个为信号发射器，另一个为信号接收器，双方各有 8 个 LED 灯以及至少一个 RJ-45 插槽（有些同时具有 BNC、ALII、RJ-11 等测试功能）。它的部分功能也可以用万用表模拟，不过在检查网线的操作上，它比万用表使用起来方便得多。具体测试方法如下：

1）将已经做好水晶头的双绞线的两端分别插入检测仪主、次仪器的 RJ-45 接口内，打开主仪器上的开关。

2）观测主、次仪器上的指示灯，对于“直通线”，如果这 8 个指示灯（按编号）一一对应闪亮，则说明此“直通线”能正常工作；对于“交叉线”，主、次仪器上的指示灯对应闪亮的关系为：主仪器上的 1、2 号指示灯对应于次仪器上的 3、6 号指示灯，主仪器上的 3、6 号灯对应于次仪器上的 1、2 号指示灯，其余同“直通线”的对应关系。（对于“全反线”，主仪器上的指示灯与次仪器上的指示灯对应闪亮的关系为：

1 对 8、2 对 7、3 对 6、4 对 5、5 对 4、6 对 3、7 对 2、8 对 1。）

2.1.4 实训报告

1. 实训概况

实训概况主要包括：实训项目（内容）、实训地点、实训时间、实训环境（硬件与软件）。

2. 实训过程

（1）制作直通线并用测线器测试其连通性的情况。

（2）制作交叉线并用测线器测试其连通性的情况。

（3）制作全反线并用测线器测试其连通性的情况。

3. 实训思考

（1）“直通线”、“交叉线”、“全反线”两端线芯的排列顺序是什么？

（2）在网络中什么时候用“交叉线”？什么时候用“直通线”？什么时候用“全反线”？

（3）你若做好了一根 B 与 B 直通交绞，在使用测试仪测试时，灯亮的顺序是一样的，可能两个基本点对应的 2 号灯都不亮，你分析可能是什么问题？怎样解决该问题？

4. 实训心得

简述通过该实训的心得体会。

§2.2　两台计算机互联

对于同时拥有两台计算机的家庭或办公室，有时在两台计算机之间传输比较大的文件比较困难。如果要上网，只有一条电话线，一个调制解调器，也只能使一台计算机上网，因此希望找到一种方便的办法，使两台计算机可以实现资源共享。利用双机互联的办法组建一个小的局域网来达到共享资源的目的。

2.2.1　实训概述

1. 实训背景

两台计算机之间互联的方法有多种：利用 EIA RS-232-C 串行接口互联；利用计算机的并行接口互联；利用调制解调器通过电话拨号互联；利用 USB 线互联；利用双机网卡互联；利用双机蓝牙互联。这里主要介绍后 3 种互联方法。

（1）双机网卡互联：在双机网卡互联方案中，网卡连接是其中速度最快的一种。它一般是在两台计算机中分别安装一块网卡，通过双绞线进行连接可以实现 10Mb/s 或 100Mb/s 的连接速度。目前，在同时拥有两台计算机的家庭或小型办公室中，要获得较高的连接速度并实现更多的应用功能，网卡连接是最好的选择。

（2）利用 USB（Universal Serial Bus，通用串行总线）互联：是一种高速、新型的串行接口互联方法，并且操作使用非常地方便、简单。

（3）双机蓝牙互联：蓝牙（bluetooth）技术实际上是一种短距离无线通信技术。蓝牙技术的本质是设备间的无线连接，主要用于通信与信息设备。人们利用“蓝牙”技术，能够有效地简化掌上电脑、笔记本电脑和移动电话等移动通信终端设备之间的通信，也能够成功地简化以上这些设备与 Internet 之间的通信，从而使这些现代通信设备与 Internet 之间的数据传输变得更加迅速高效，为无线通信拓宽道路。蓝牙搭建的无线局域网适用于家庭，目前家庭宽带接入多数是 1M 左右，正好是 1.1 标准的蓝牙的带宽。蓝牙用于家庭数码设备的扩展性也很强，所以蓝牙是家庭最好的无线局域网平台。

2. 实训目的

（1）学会使用双机网卡互联的方法。

（2）学会使用 USB 线实现两台计算机互联的方法。

（3）学会使用双机蓝牙互联的方法。

（4）学会使用制作工具和连接设备。

3. 实训内容

（1）双机网卡互联：在双机网卡互联方案中，网卡连接是其中速度最快的一种。它一般是在两台计算机中分别安装一块网卡，通过双绞线进行连接可以实现 10Mb/s 或 100Mb/s 的连接速度。目前，在同时拥有两台计算机的家庭或小型办公室中，要获得较高的连接速度并实现更多的应用功能，网卡连接是最好的选择。

（2）利用 USB 线互联：这是一种新型的串行接口互联方法，操作使用非常地方便、简单。

作为USB连接器的最大应用莫过于实现计算机点对点的近距离传输数据。现在以其中一台计算机（假设为A）为主机，从另一台计算机（假设为B）上复制文件，即计算机B为被访问的对象，只要在计算机A上单击“网上邻居”进入计算机B的文件夹进行访问，然后复制就行了。不过计算机B里的文件夹必须设定为共享才行。反之，同样的道理，也可以通过计算机B作为主机来访问计算机A里的文件。

（3）双机蓝牙互联：蓝牙搭建的无线局域网适用于家庭，目前家庭宽带接入多数是1M左右，正好是1.1标准的蓝牙的带宽。蓝牙用于家庭数码设备的扩展性也很强，所以蓝牙是家庭最好的无线局域网平台。

2.2.2 实训规划

1. 实训设备

（1）双绞线检测仪。

（2）非屏蔽（UTP）5类或超5类双绞线、RJ-45接头（水晶头）若干个。

（3）制作双绞线工具（剥线/压线钳）。

（4）USB线（一根）。

（5）蓝牙适配器（2个）。

（6）安装Windows XP操作系统的计算机（2台）。

2. 实训拓扑

用交叉线实现两台计算机相连的拓扑结构如图2-8所示。

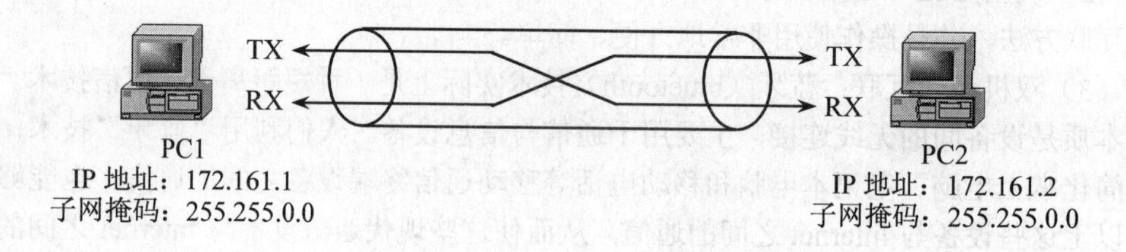

图2-8 用交叉线连接两台工作站

2.2.3 实训步骤

1. 双机网卡互联

本实验是上个实验的拓展，利用做好的交叉双绞线将两台安装Windows XP的计算机实现双机网卡互联，IP地址的配置需要在两台计算机上都执行，具体操作步骤如下：

（1）制作交叉双绞线，利用测线仪测试交叉双绞线，确保双绞线是连通的。

（2）安装网卡，直接通过交叉双绞线将两台计算机连接起来。

（3）开机安装网卡驱动程序。

（4）安装及设置TCP/IP协议。对TCP/IP协议参数的配置，主要有3部分的内容：IP地址及子网掩码、网关地址、DNS地址。具体设置步骤如下：

1）安装TCP/IP协议。

2）在“控制面板”窗口中，双击“网络”图标，进入“网络”窗口，选中相应网卡对应的 TCP/IP 选项，再单击“属性”按钮，出现如图 2-9 所示的对话框。

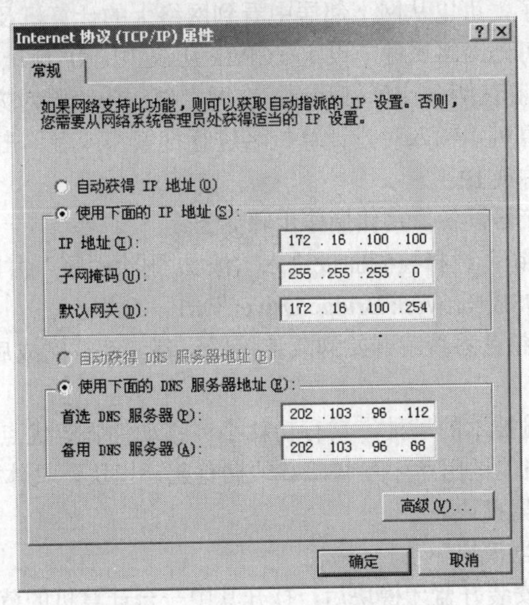

图 2-9　“TCP/IP 属性”设置对话框

在该对话框中对地址、子网掩码、网关和 DNS 配置进行设置，假设本例中 2 个用户的 IP 地址分别为 172.16.100.100 和 172.16.100.102，网关和 DNS 由网络服务商提供。

（5）用 ping 命令测试网络连通性。

1）在第一台计算机上，切换到 MS-DOS 方式运行 ping 命令：ping 172.16.100.101。

2）如果能够 ping 通，则表示两台计算机连通正常。如果网络不通，则会出现信息：

Request timed out

2. 利用 USB 线实现两台计算机互联

USB 是一种连接电缆线，即 USB Link。因为它必须通过 USB 接口连接，所以被连接的两台计算机上都应同时具有 USB 接口，现在的计算机大都能满足要求。如果计算机上没有 USB 接口，而又要使用 USB Link 电缆进行连接，则需要购买一块 USB 接口卡，使其能保证使用 USB Link 电缆实现两台计算机的互联。具体操作步骤如下：

（1）安装驱动程序：分别在两台计算机中运行随机配送的软盘中的 Setup.exe 驱动程序。具体操作步骤如下：

1）在 Choose Destination Location Windows 窗口下，选择安装路径为默认或指定的目录。

2）在 Enter Information Windows 窗口下，输入唯一的计算机名称以及所属相同的工作群组名称。

3）单击“Finish”按钮，系统会要求重新启动计算机，这时将安装磁盘抽出，将 USB 连接器连上计算机的 USB 接口，然后重新启动。

注意：由于这类设备比较特殊，所以在安装驱动前不要把该 USB 设备插上，因为一旦将 USB 设备插上，系统就会自动寻找驱动，找不到时可能会造成死机。

（2）连接两台计算机：驱动安装完成后，将 USB 线的两头分别接入两台计算机的 USB

接口。如果在USB线插入后提示找到一个未知设备，则可通过双击该未知设备，选择安装驱动程序，指定该设备为USB TO USB Network Bridge device就可以了。此时，USB Network环境就自动地建立起来了，可以从网上邻居中看到网络上的计算机及其他共享文件夹和外围设备。如果不能看到，可到网络属性中设定TCP/IP协议中的IP地址和子网掩码。

（3）通过文件共享测试两台计算机互通：在网上邻居中查看对方计算机，右击“网上邻居”图标，选择搜索计算机，输入对方计算机名进行搜索；或者单击“开始”→“运行”命令，输入对方计算机名称或IP。

（4）删除USB连接器设备，具体操作步骤如下：

1）单击“开始”按钮，选择控制面板进入“添加/删除程序”窗口。

2）选择移除USB-USB Network Bridge Driver v l.1。

3）单击“确定”按钮，系统就开始卸载连接器设备。卸载完成后，重新启动系统。

3. 双机蓝牙互联

蓝牙是无线网络传输技术的一种，具有功耗小、移动性强等优点。目前已经广泛应用于无线网络中。要使计算机能运用蓝牙互联，必须拥有蓝牙模块。具体操作步骤如下：

（1）安装蓝牙适配器模块。

（2）安装蓝牙适配器模块驱动。

（3）配置计算机。安装好蓝牙模块后，打开其中一台计算机的蓝牙设备向导（右击桌面右下角的蓝牙图标），如图2-10所示。

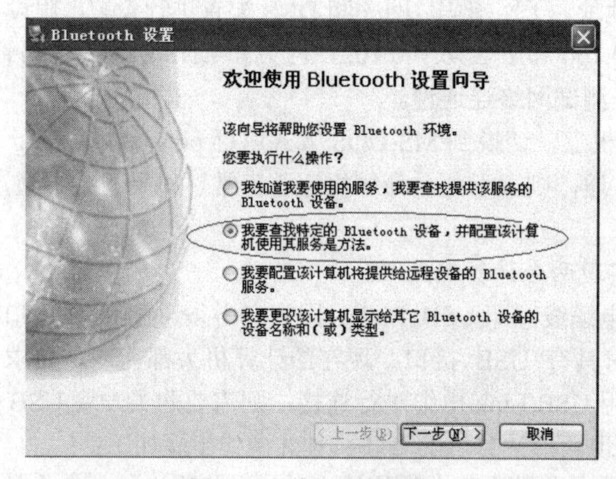

图2-10　蓝牙设置向导

（4）单击“下一步”按钮进行信号搜索，一段时间后，将会找到另外一台安装了蓝牙适配器的计算机，如图2-11所示。

（5）单击“下一步”按钮，要求输入PIN码作为通信时的口令，如图2-12所示。

两台计算机上的PIN必须一致，否则不能建立连接。单击“启动配对”按钮可以验证两台计算机上的PIN码是否一致。

（6）验证通过后，单击“下一步”按钮选择蓝牙无线网络可以提供的服务，如图2-13所示。单击“完成”按钮退出向导。至此，两台计算机已经通过蓝牙互连成功，可以进行文件传输了。

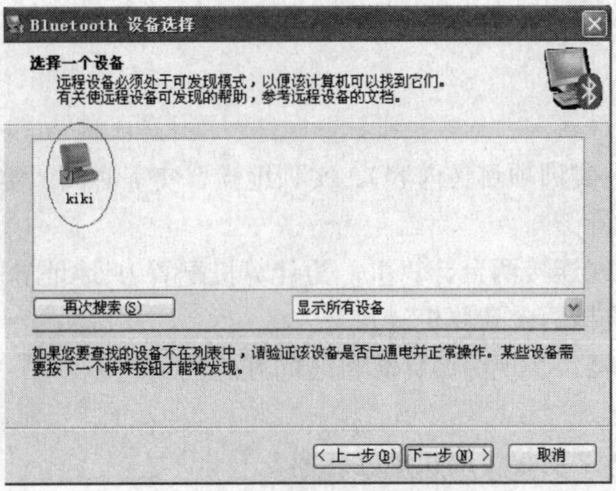

图 2-11　选择蓝牙设备向导

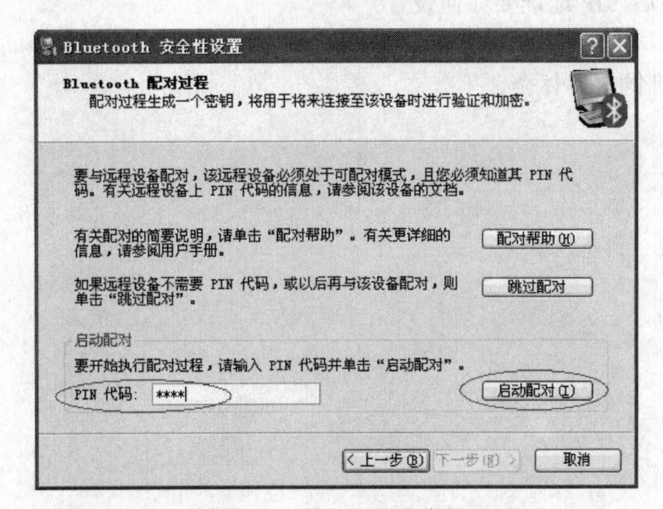

图 2-12　输入 PIN 码向导

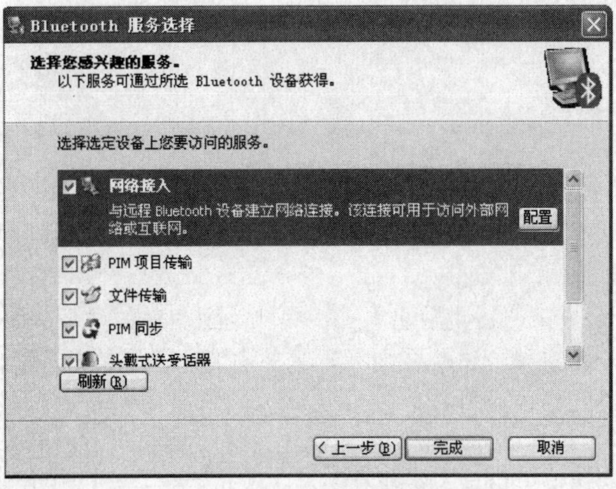

图 2-13　选择服务提供向导

2.2.4 实训报告

1. 实训概况

实训概况主要包括：实训项目（内容）、实训地点、实训时间、实训环境（硬件与软件）。

2. 实训过程

（1）制作一根直通线连接两台计算机，为计算机配置 IP 地址实现互连的情况。

（2）利用 USB 线连接两台计算机。

（3）安装蓝牙适配器，实现两台计算机之间互连的情况。

3. 实训思考

（1）没有安装 TCP/IP 协议，两机能互连吗？

（2）利用 USB 线连接两台计算机与设定 TCP/IP 协议中的 IP 地址和子网掩码有何关系？

（3）两机互连后，IP 地址要如何设置?

4. 实训心得

简述通过该实训的心得体会。

第 3 章　计算机网络 TCP/IP 协议

网络协议是计算机网络中的核心，TCP/IP 协议是众多协议中最完善、最成功的协议之一。因此，通过实训，深刻理解 TCP/IP 协议、IP 地址的组成和子网编址，进而掌握网络配置、IP 地址设置和子网的划分规则等内容是十分重要的。

本章安排了两个实训项目：TCP/IP 的安装与设置和子网划分与连通性测试。

掌握 TCP/IP 协议的安装与设置方法以及子网划分与连通性测试方法。

§ 3.1　TCP/IP 的安装与设置

3.1.1　实训概述

1. 实训背景

TCP/IP 中的 TCP 称为传输控制协议，如果数据传输仅限于局域网内，局域网协议就可以实现通信过程。但是，孤立地使用局域网的情况并不存在，而都是通过局域网上的 Internet。局域网通过路由器接入 Internet 已成为一种通行的做法。由于局域网协议不具备操作使用 Internet 的功能，因而必须引入具有实现在 Internet 上通信功能的 TCP/IP（Transmission Control Protocol/Internet Protocol，传输控制协议/网际协议）。TCP/IP 是目前最常用的网络协议之一。

TCP 用来实现在 Internet 上建立可靠的、结点对结点间的数据传输服务，IP 用来实现互联网络之间的寻址，以及如何进行数据包（将传输的数据分割成包后进行传输）的路由。换句话说，TCP 负责把数据从源主机不失真地传送到目的主机，而数据从源主机到达目的主机的路由则由 IP 来实现。现在使用的主流操作系统（如 UNIX、Windows）都支持 TCP/IP，操作系统的驱动程序库中都有 TCP/IP，当安装网络接口卡和驱动程序后，操作系统会自动安装必须的网络协议 TCP/IP 并进行配置。否则，无法与网络中的其他计算机进行通信。

TCP/IP 协议中的 IP 地址被分为 A、B、C、D、E 五大类，其中 A、B、C 类是可供 Internet 网络上的主机使用的 IP 地址，而 D、E 类提供特殊用途的 IP 地址。

TCP/IP 协议中子网掩码的功能一是确定 TCP/IP 网络上的主机是否在相同的网络区段内；二是将一个网络切割为几个由 IP 路由器连接的子网，一个网络有一个唯一的 Network IP。

2. 实训目的

（1）了解 Windows 2003 中常用网络协议。

（2）熟练掌握在 Windows Server 2003 中 TCP/IP 的设置与测试。

（3）熟悉与其他协议有关的设置以及子网规划方法。

3. 实训内容

（1）网络协议的安装。

（2）IP 地址的规划与配置。

（3）网络连通测试。

3.1.2 实训规划

1. 实训设备

（1）安装有 Windows 2000/2003 的 PC（2 至 3 台）；

（2）交换机（1 台）；服务器（1 台）；

（3）网络交叉或直通双绞线（3 根）。

2. 实训拓扑

TCP/IP 实训的拓扑结构如图 3-1 所示。

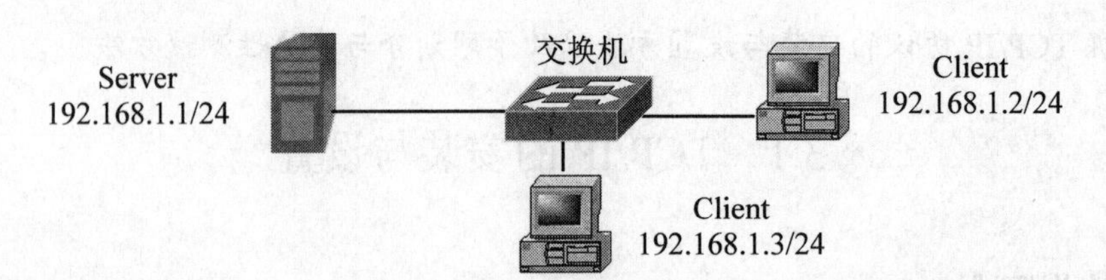

图 3-1 TCP/IP 实训拓扑结构

3. 设置安装参数

根据教师要求配置 Windows Server 2003 的 TCP/IP 协议及其相关参数，如表 3-1 所示。

表 3-1 TCP/IP 协议及相关参数

项目	数据
计算机名	Kiki（也可自行定义）
DNS 域名	wyx.com（也可自行定义）
NetBIOS 域名	wxy（也可自行定义）
网络协议	TCP/IP
IP 地址	根据各组 IP 地址段自行定义
子网掩码	根据 IP 地址自行定义
管理员账户（Administrator）	Admin123（请切记密码，也可不设置密码）
公司或组织的名称	wyx（也可自行定义）
许可协议方式	每服务器有 50 个同时连接
服务器类型	独立服务器（或域控制器）
安装文件系统	NTFS

3.1.3 实训步骤

1. 设置 TCP/IP

（1）在桌面上右击“网上邻居”图标，在弹出的快捷菜单中选择“属性”命令，打开“网络连接”窗口，如图 3-2 所示。

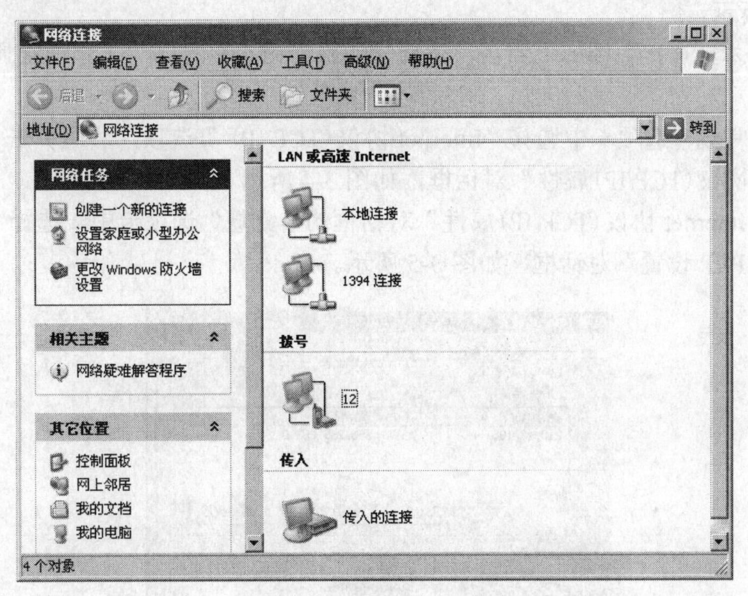

图 3-2 “网络连接”窗口

（2）在“本地连接”图标上右击选择“属性”命令，打开“本地连接属性”对话框，如图 3-3 所示。在该对话框中可选中“连接后在通知区域显示图标”复选框，这将给以后判断网络连接故障带来很多方便。

（3）在“常规”选项卡中选择“Internet 协议(TCP/IP)”选项，然后单击“属性”按钮，打开“Internet 协议(TCP/IP)属性”对话框，如图 3-4 所示。

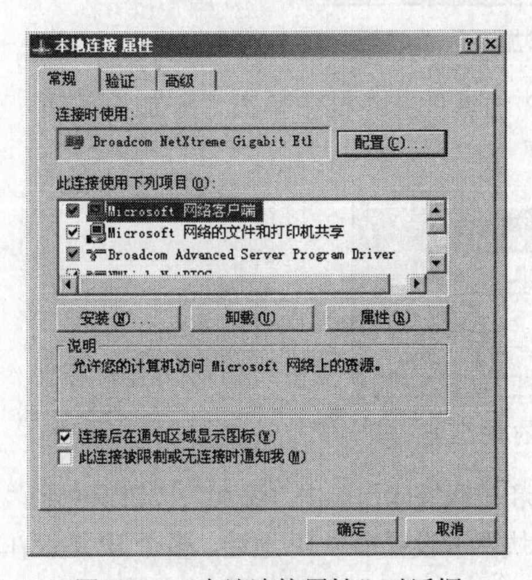

图 3-3 “本地连接属性”对话框

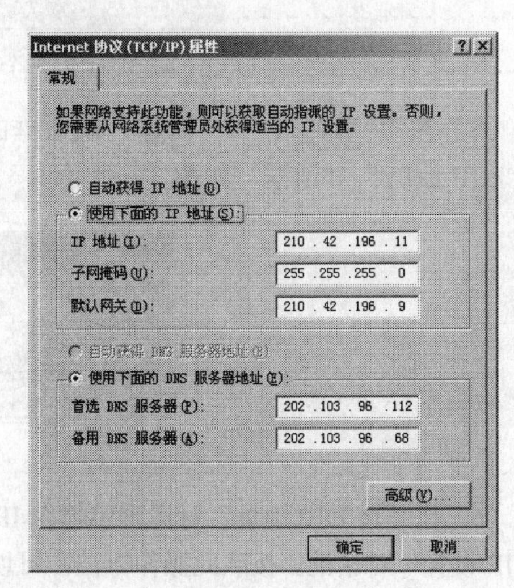

图 3-4 “Internet 协议(TCP/IP)属性”对话框

（4）在“常规”选项卡中，选择“使用下面的 IP 地址”选项，手工设置静态 IP 地址，如网络中存在 DHCP 服务器，可选择“自动获得 IP 地址”选项使该计算机成为 DHCP 客户端，动态获取 IP 地址。设置完相关的选项后，单击“确定”按钮。

2. 一块网卡上多个 IP 地址的设置

（1）在桌面“网上邻居”图标上右击，选择“属性”命令，打开“网络和拨号连接”窗口，如图 3-2 所示。

（2）在“本地连接”图标上右击，选择“属性”命令，打开“本地连接属性”对话框，如图 3-3 所示。

（3）在“常规”选项卡中选择“Internet 协议(TCP/IP)”选项，然后单击“属性”按钮，打开“Internet 协议(TCP/IP)属性”对话框，如图 3-4 所示。

（4）在“Internet 协议(TCP/IP)属性”对话框的“常规”选项卡中，选择“高级”按钮，打开“高级 TCP/IP 设置”对话框，如图 3-5 所示。

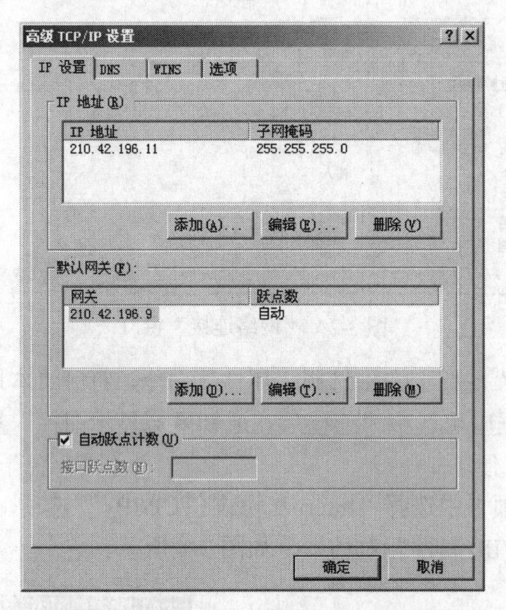

图 3-5 给一个网卡添加多个 IP 地址

（5）在“高级 TCP/IP 设置”对话框的“IP 地址”文本框中单击“添加”按钮，弹出“TCP/IP 地址”对话框，如图 3-6 所示。

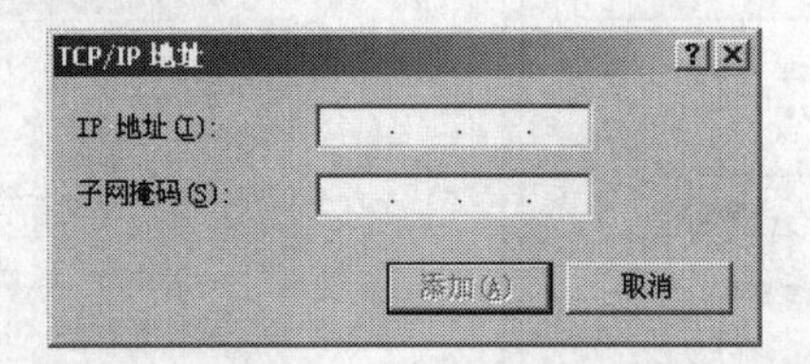

图 3-6 添加新的 IP 地址

（6）在“TCP/IP 地址”对话框中输入 IP 地址和子网掩码，单击“添加”按钮返回到“高级 TCP/IP 设置”对话框。按照此操作方法，可以为一块网卡设置多个 IP 地址，多个 IP 地址在配置 Web 服务时非常有用，可以实现一块网卡提供多个 Web 站点的服务，如图 3-7 所示。

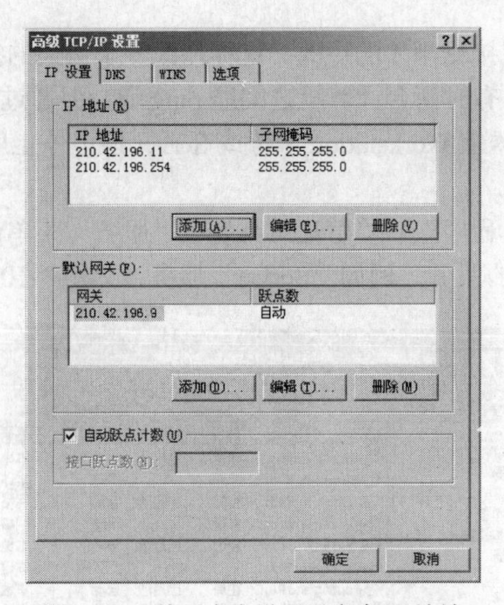

图 3-7　一块网卡上设置了多个 IP 地址

3. TCP/IP 的测试工具

Windows Server 2003 提供了许多测试工具命令，这些命令的具体操作将在 3.2 节中介绍。

4. 其他与协议有关的设置

（1）设置协议的绑定顺序。

1）在桌面“网上邻居”图标上右击，选择“属性”命令，打开“网络和拨号连接”窗口，如图 3-2 所示。

2）在菜单栏中打开“高级”菜单，选择“高级设置”命令，在该对话框中包含了该计算机中已安装的所有协议及其顺序，如图 3-8 所示。

3）单击“Internet 协议(TCP/IP)”项，再单击右侧的向上按钮，可将其移至 IPX 协议上方，这样就可以改变协议的绑定顺序，如图 3-9 所示。

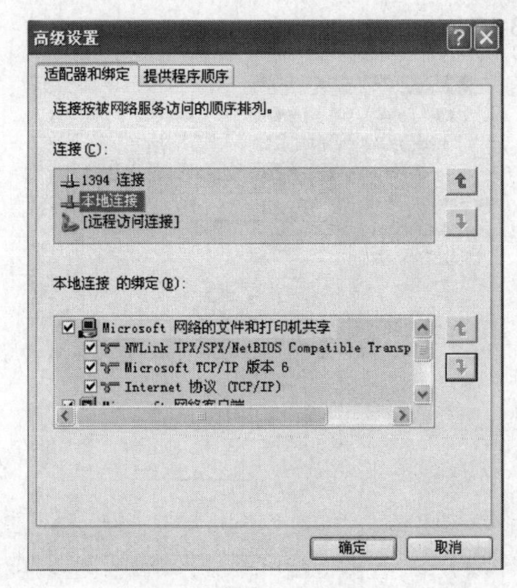

图 3-8　选择“高级设置”

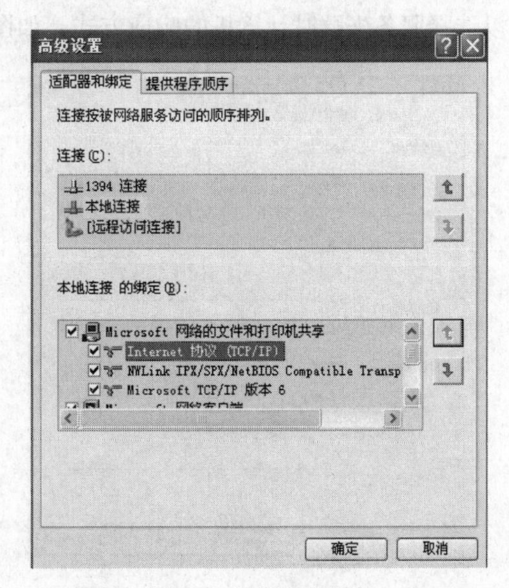

图 3-9　设置协议顺序

4）单击“确定”按钮接受刚才的更改，这样便改变了协议的捆绑顺序。

（2）连接故障分析：有时两台计算机之间能 ping 通，但通过“\\计算机名”的形式却无法连接，这时可能是服务器上 Workstation 服务或 Server 服务停止所造成的，可以启动服务来解决该问题。

1）通过“开始”→“程序”→“管理工具”→“服务”菜单命令，打开“服务”窗口，在右侧窗口中选择要配置的服务，例如“Server”服务，如图 3-10 所示。

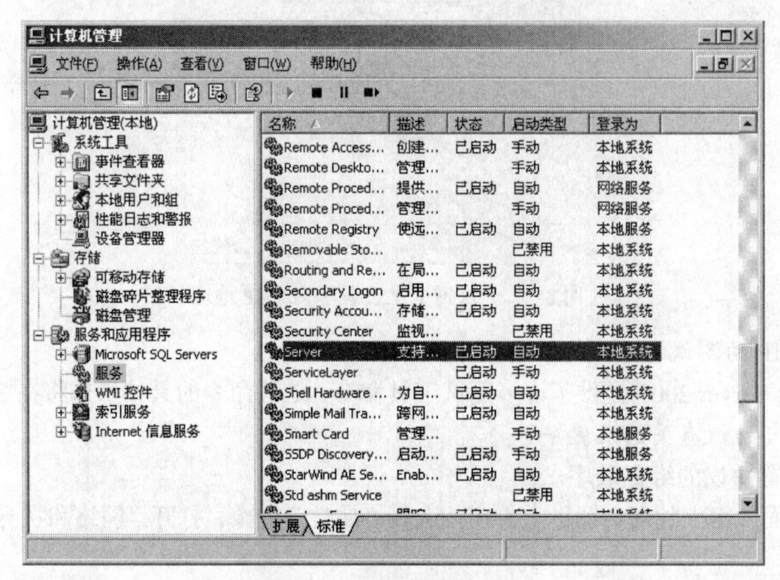

图 3-10　选择要配置的服务

2）在“Server”服务上右击，选择“属性”命令，打开属性对话框，如图 3-11 所示。在“启动类型”选择项中，用户可以设置“自动”、“手动”、“已禁用”三种启动类型。在“服务状态”选项中，可以选择“启动”、“停止”、“暂停”、“恢复”按钮。在“恢复”选项卡下，可以选择服务失败时计算机的响应方式，如图 3-12 所示。

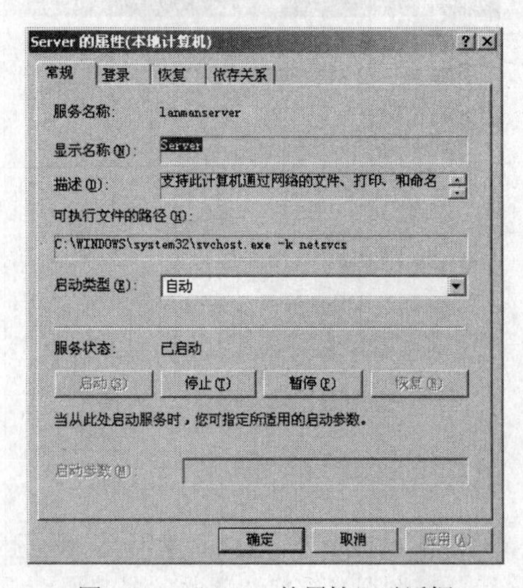

图 3-11　“Server 的属性”对话框

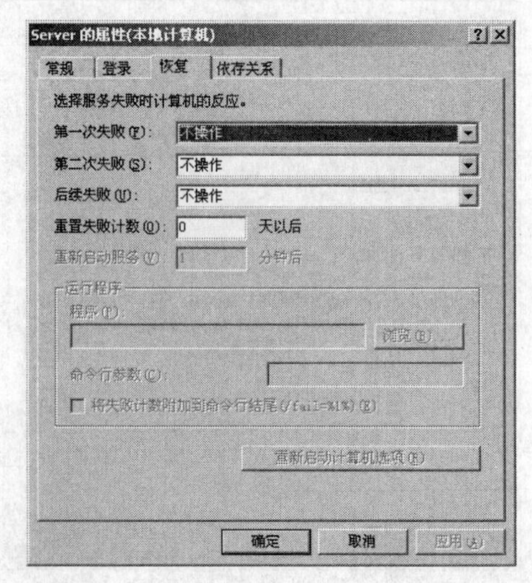

图 3-12　设置服务器故障恢复方式

（3）TCP/IP 筛选：使用 TCP/IP 筛选可以加强安全性方面的设置。具体操作步骤如下：

1）在桌面“网上邻居”图标上右击，选择“属性”命令，打开“网络连接”窗口，如图 3-2 所示。

2）在“本地连接”图标上右击，选择“属性”命令，打开“本地连接属性”对话框，如图 3-3 所示。

3）在“常规”选项卡中选择“Internet 协议（TCP/IP）”选项，然后单击“属性”按钮，打开“Internet 协议（TCP/IP）属性”对话框，如图 3-4 所示。

4）在“Internet 协议（TCP/IP）属性”对话框的“常规”选项卡中，单击“高级”按钮，打开“高级 TCP/IP 设置”对话框，如图 3-7 所示。

5）选择“选项”选项卡中的“TCP/IP 筛选”项，如图 3-13 所示。

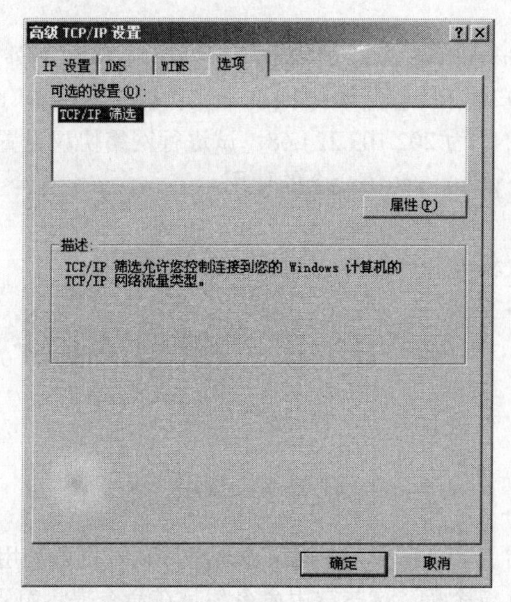

图 3-13　“高级 TCP/IP 设置”中的“选项”选项卡

6）单击“属性”按钮，打开“TCP/IP 筛选”对话框，如图 3-14 所示。

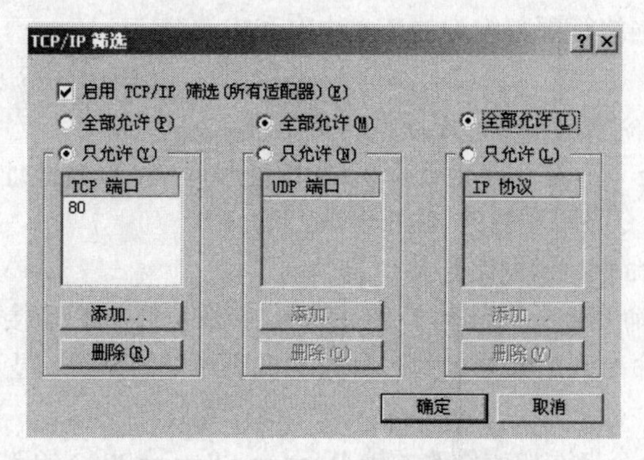

图 3-14　“TCP/IP 筛选”对话框

在该对话框中，可设置对 TCP、UDP 端口的筛选以控制客户机能访问服务器的哪些服务。

如本例中设置了只许 TCP 端口 80 的服务，意味着客户机只能访问本机 Web 服务，而不能访问本机的 FTP 或 E-mail 等其他使用 TCP 协议的服务。

如果对端口号的含义不清楚，可查看\winnt\System32\drviers\services 文件，便可得知各种协议对应的端口号。

3.1.4 实训报告

1. 实训概况

实训概况主要包括：实训项目（内容）、实训地点、实训时间、实训环境（硬件与软件）。

2. 实训过程

按照实训内容的步骤，做好实训过程的详细记录。

3. 实训思考

（1）在 Windows Server 2003 网络结构中除可以使用 TCP/IP 外，还可以使用哪些协议?

（2）给定参数：客户端 IP 地址为 192.168.0.10；服务器端 IP 地址为 192.168.0.254；子网掩码 255.255.255.0；DNS 为 202.103.224.68。试进行网络协议设置。

（3）练习 ipconfig、ping、net 等命令的使用。

4. 实训心得

简述通过该实训的收获与心得体会。

§ 3.2 TCP/IP 的常用工具命令

3.2.1 实训概述

1. 实训背景

本节集中介绍网络常用工具命令，在网络出现故障时，可以利用 TCP/IP 协议的网络工具命令对网络系统进行测试与诊断。这些常用命令都是在命令提示符下运行的。

2. 实训目的

（1）掌握使用网络工具命令来测试、查看、显示网络信息或修改配置参数的方法。

（2）熟悉和掌握网络管理与维护的基本内容和方法。

3. 实训内容

（1）利用 ping 命令测试网络的连通性和可达性。

（2）利用 ipconfig 命令显示本地计算机 IP 地址和网卡 MAC 地址。

（3）利用 ARP 命令显示和修改 ARP 表项。

（4）利用 netstat 命令显示网络连接信息。

（5）利用 nbtstat 命令查看当前基于 NetBIOS 协议的 TCP/IP 连接状态。

（6）利用 tracert 命令判定数据包到达目的主机所经过的路经、显示数据包经过的中继结点清单和到达时间。

（7）利用 route 命令来添加或修改本地 Windows Server 2003 的路由表。

3.2.2　实训规划

1. 实训设备

（1）已经使用集线器或交换机将若干台计算机连成一个小型网络。

（2）每台计算机已安装Windows Server 2003操作系统。

（3）已经为每台计算机设置了确定的IP地址，其中一台作为服务器，其他作为客户机。

2. 实训拓扑

使用网络测试命令对网络进行测试的网络拓扑结构如图3-15所示。

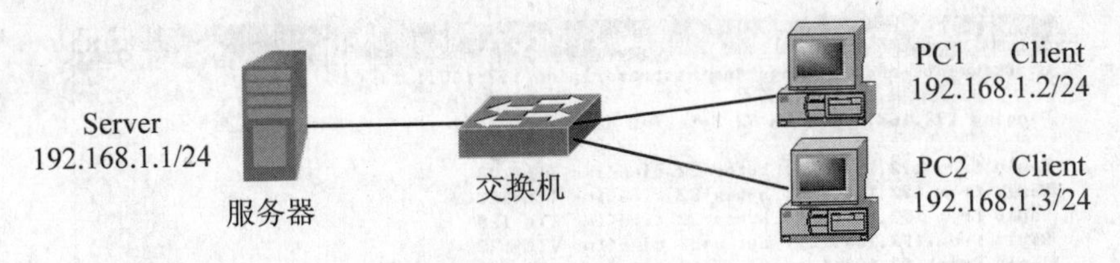

图3-15　DNS服务器规划

3.2.3　实训步骤

1. ping命令

ping命令是Windows操作系统集成的TCP/IP应用程序之一，也是网络中使用最频繁的工具，主要用来侦测网络是否正常以及响应速度。ping使用ICMP协议来简单地发送一个网络包并请求应答，接收到请求的目标主机再使用ICMP发回所接收的数据，于是ping程序便报告每个网络包发送和接收的往返时间，并报告无响应包的百分比。这些数据对确定网络是否正确连接，以及网络连接的状况十分有用。在下述参数中，用得较多的参数有：-t，-n，-w。

（1）语法格式：

ping [-t] [-a] [-n count] [-l length] [-f] [-i ttl] [-v tos] [-r count] [-s count] [[-j host-list] | [-k host-list]] [-w timeout] destination-list

（2）参数说明：ping命令中各项参数选项的含义如表3-2所示。

表3-2　ping命令中各项参数选项的含义

选项	选项含义
-t	使当前主机不断地向目的主机发送数据，直到按下Ctrl＋C键时中断
-a	将地址解析为计算机名，即以IP地址格式（不是主机名形式）显示网络地址
-n count	指定要做多少次ping命令，count为正整数值，缺省值为4
-l length	指定发送的数据包大小。缺省值为32个字节，最大值是65500字节
-f	在数据包中设定“不要分段”标志，数据包就不会被路由上的路由器分段
-i ttl	将“生存时间”字段设置为TTL指定的值
-v tos	将“服务类型”字段设置为tos指定的值
-r count	在“记录路由”字段中记录传出和返回数据包所经过的路由，最大为9个路由
-s count	此参数和-r差不多，只是不记录数据包返回所经过的路由，最多只记录4个

续表

选项	选项含义
-j host-list	利用 host-list 列表中的计算机来路由数据包（路由稀疏源）
-k host-list	利用 host-list 列表中的计算机来路由数据包（路由严格源）
-w timeout	指定超时时间间隔，单位为毫秒，缺省值为 1000
destination-list	指定要 ping 的远程计算机

（3）使用方法：在命令提示符窗口运行 ping 命令检测 192.168.1.1，如图 3-16 所示。

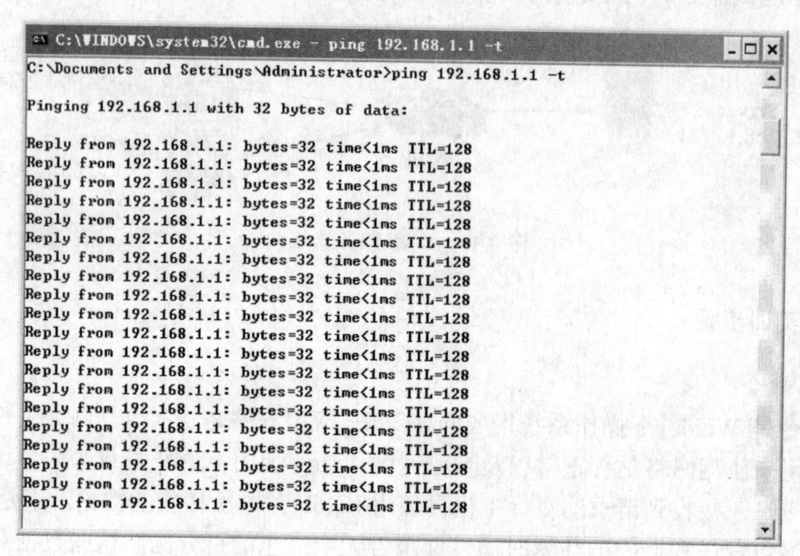

图 3-16 运行 ping 命令后显示画面

如图 3-16 所示，出现：“Reply from 192.168.1.1:bytes=32 time<1ms TTL=246”表示本地与该网络地址之间的线路是畅通的，如果出现“Request timed out”，则表示此时发送的小数据包不能到达目的地，这时可能可能有两种情况：一种是网络不通，另一种是网络连通状况不佳。此时还可以使用带其他参数的 ping 来确定是哪一种情况。例如：–t –w 3000 不断地向目的主机发送数据，并且响应时间增大到 3000ms，此时如果一直显示“Reply timed out”，则表示网络之间确实不通，如果是间断显示“Reply times out”，则表示此网站还是通的，只是响应时间长或通信状况不佳。

在正常情况下，如想通过使用 ping 命令来查找问题所在或检验网络运行情况时，需要使用许多 ping 命令参数。如果所有都运行正确，可以相信连通性和配置参数基本没有问题；如果某些 ping 命令参数出现运行故障，它也可以大概指明问题出自于什么方向。下面给出一个典型的检测次序和可能对应的故障。

1）ping l27.0.0.1。这个 ping 命令将被送到本地计算机的 IP 软件，如果出现“Request timed out”，则表示 TCP/IP 协议的安装或运行存在问题，建议重新安装 TCP/IP 协议。

2）ping 本机 IP。这个命令被送到本地计算机的地址，如果计算机没对该 ping 命令作出应答，则表示本地 TCP/IP 配置存在问题。出现此问题时局域网用户应断开网络电缆，然后重新发送该命令；如果网线断开后本命令正确，则表示另一台计算机可能配置了相同的 IP 地址。

3）ping 局域网内其他 IP。数据包离开本地计算机由网卡经网络线缆传输到其他计算机再返回。如果收到回送应答，表明本地网络中的网卡和线缆运行正常。如果没有回送应答，则可能是网络参数配置不正确或线缆有问题。

4）ping 网关 IP。如果未收到应答，表示可能局域网中的网关路由器出现故障。

5）ping 远程 IP。如果未收到应答，表示可能路由配置出现故障。

6）ping localhost。localhost 是系统的网络保留名，它是 127.0.0.1 的别名，每台计算机都应该能够将该名字转换成本地回送地址。如不能解析，则表示可能主机文件(host)存在问题。

7）ping www.sina.com.cn（新浪网）。通常是通过 DNS 服务器对域名进行解析。如果这里出现故障，则表示可能 DNS 服务器的 IP 地址配置不正确或 DNS 服务器有故障。

如果上面所列出的所有 ping 命令都能正常运行，那么对于自己的计算机进行本地和远程通信的功能基本上可以放心了。但是，这些命令的成功并不表示所有的网络配置都没有问题，例如，某些子网掩码错误就可能无法用这些方法检测到。

2. ipconfig 命令

ipconfig 是运行在 Windows XP 和 Windows 2000/2003 系统上的 TCP/IP 配置和测试工具，其功能与运行在 Windows 95/98 系统上的 winipcfg 功能基本相同。

ipconfig 命令用于显示主机 TCP/IP 协议的配置信息，具体信息包括：网络适配器的物理地址、主机的 IP 地址、子网掩码以及默认网关等，还可以查看主机的相关信息，如主机名、DNS 服务器、结点类型等。其中网络适配器的物理地址在检测网络错误时非常有用。这些信息一般被用来检验人工配置的 TCP/IP 设置是否正确。如果计算机所在的局域网使用了动态主机配置协议（DHCP），这个程序所显示的信息更加实用，它可以检测 DHCP 服务器是否工作。

（1）语法格式：

```
ipconfig[/a11][/batch file][/renew all][/release all][/renew n][/release n]
```

（2）参数说明：ipconfig 命令中各项参数选项的含义如表 3-3 所示。

表 3-3　ipconfig 命令中各项参数选项的含义

选项	选项含义
all	显示所有网络适配器（网卡、拨号连接等）的完整 TCP/IP 配置信息。与不带参数的用法相比，它的信息更全更多，如 IP 是否动态分配、显示网卡的物理地址等
batch file	将 ipconfig 所显示的信息以文本方式写入指定文件。此参数可用来备份本机的网络配置。如果省略 file 文件名，则系统会把这份显示结果保存在系统的 winipcfg.out 文件中
renew all	更新全部网卡适配器的配置信息
release all	释放全部网卡适配器的配置信息
renew n	更新第 n 个网卡适配器（针对多网卡的配置环境）的配置信息
release n	释放第 n 个网卡适配器（针对多网卡的配置环境）的配置信息

（3）使用方法：在命令提示符窗口运行 ipconfig 命令，画面如图 3-17 所示。

3. ARP 命令

地址解析协议（Address Reverse Protocol，ARP）是一个重要的 TCP/IP 命令，用于显示或修改对应 IP 地址的网卡物理地址。利用 ARP 命令能够查看本地计算机或其他计算机的 ARP

在高速缓存中的显示内容，还可以手动绑定网卡物理地址和 IP 地址的对应，用于防范 ARP 欺骗攻击。

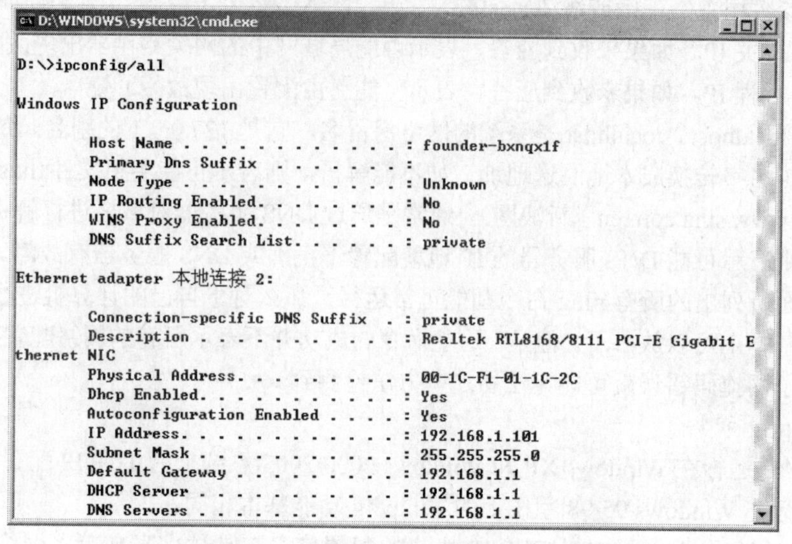

图 3-17 运行 Ipconfig 命令后显示画面 5

ARP 高速缓存中的项目是动态保存的，每当发往目的计算机的 MAC 地址在高速缓存中不存在时，ARP 便会自动添加该项目，以便下次通讯。

（1）语法格式：

arp[-a [Inetaddr] [-n Ifaceaddr]] [-g [Inetaddr] [-n Ifaceaddr]] [-d Inetaddr [Ifaceaddr]] [-s Inetaddr etheraddr [Ifaceaddr]]

（2）参数说明：ARP 命令中各项参数选项的含义如表 3-4 所示。

表 3-4 ARP 命令中各项参数选项的含义

选项	选项含义
-a[InetAddr][-n Ifaceaddr]	显示所有接口的当前 ARP 缓存表。如果要显示指定 IP 地址的 ARP 缓存项，则使用带有 Inetaddr 参数的“arp-a”，此处的 Inetaddr 代表指定的 IP 地址。如果要显示指定接口的 ARP 缓存表，则使用“-n Ifaceaddr”参数，此处的 Ifaceaddr 代表分配给指定接口的 IP 地址。-n 参数区分大小写
-g [Inetaddr] [-n Ifaceaddr]	与-a 相同
-d Inetaddr [Ifaceaddr]	删除指定的 IP 地址项，此处的 Inetaddr 代表 IP 地址。对于指定的接口，要删除表中的某项需使用 Ifaceaddr 参数，此处的 Ifaceaddr 代表分配给该接口的 IP 地址。若要删除所有项，则使用星号（*）通配符代替 Inetaddr
-s Inetaddr etheraddr [Ifaceaddr]	向 ARP 缓存添加可将 IP 地址 Inetaddr 解析成物理地址 etheraddr 的静态项。要向指定接口的表添加 ARP 缓存项则使用 Ifaceaddr 参数，此处的 Ifaceaddr 代表分配给该接口的 IP 地址

（3）使用方法：在命令提示符窗口运行 arp-a 命令查看高速缓存中条目，如图 3-18 所示。

4. netstat 命令

该工具可以显示本机当前 TCP/IP 网络连接的情况，如当前网络连接信息（如正在使用的端口和使用的协议等）、接收和发出的数据、正在连接的远程系统名和端口信息等。

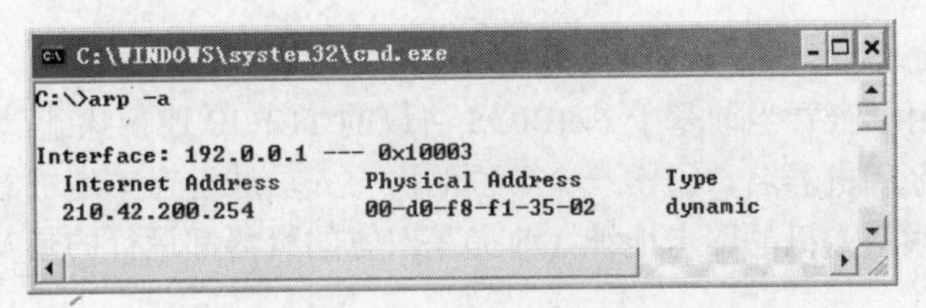

图 3-18　运行 arp 命令后显示画面

（1）语法格式：

netstat[-a][-e][-n][-s][-p protocol][-r][interval]

（2）参数说明：netstat 命令中各项参数选项的含义如表 3-5 所示。

表 3-5　netstat 命令中各项参数选项的含义

选项	选项含义
-a	用来显示在本地计算机上的外部连接，包括远程所连接的系统、本地和远程系统连接时使用和开放的端口，以及本地和远程系统连接的状态等。Established：表示已经建立连接；listening：表示监听连接
-e	显示以太网统计信息，包括传送的数据报的总字节数、错误数、删除数、数据报的数量和广播的数量
-n	以数字形式显示-a 参数的内容，即以数字形式显示 IP 地址和端口号
-p proto	显示特定的协议配置信息，proto 可以代表 UDP、IP、ICMP 或 TCP，如要显示机器上的 TCP 协议配置情况则用：netstat -p tcp
-s	按照各个协议分别显示其统计数据。默认情况下包括 TCP、IP、UDP、ICMP 等协议
-r	显示路由表的信息
Interval	每隔“interval”秒重复显示所选协议的配置，直到按 Ctrl＋C 组合键中断

（3）使用方法：在命令提示符窗口运行 netstat 命令，则显示如图 3-19 所示画面。

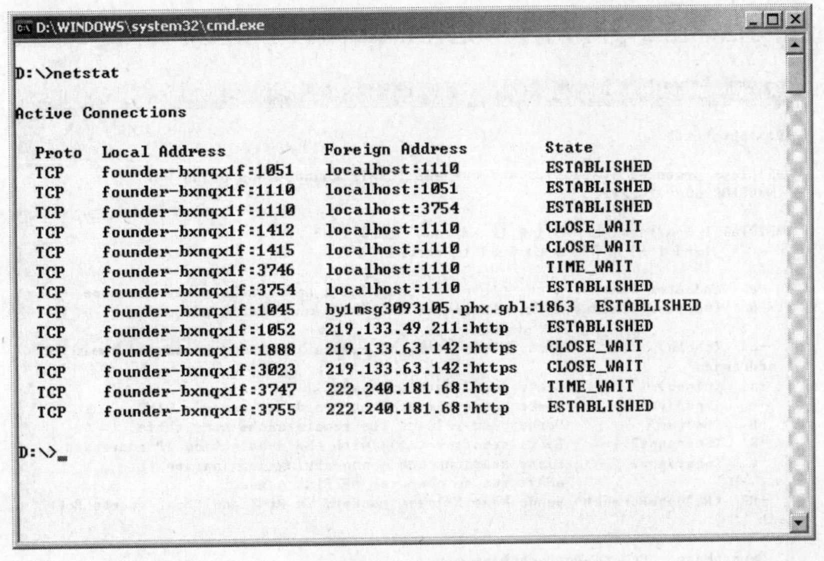

图 3-19　运行 netstat 命令后显示画面

5．nbtstat 命令

nbtstat 命令是用于查看当前基于 NetBIOS 协议的 TCP/IP 连接状态，通过该工具可获得远程或本地机器的组名和机器名。通常一个单位的网管人员通过在本地机器上运行 nbtstat 命令可获取单位内其他联网主机的网卡地址（前提是双方的机器都运行的是 Windows 系统）。

（1）语法格式：

nbtstat[[-a RemoteName][-A IP address][-c][-n][-r][-R][-RR][-s][-S][interval]]

（2）参数说明：nbtstat 命令中各项参数选项的含义如表 3-6 所示。

表 3-6　nbtstat 命令中各项参数选项的含义

选项	选项含义
-a Remotename	显示远程计算机名的 NetBIOS 列表
-A IP address	用 IP 代表计算机名来显示远程计算机的 NetBIOS 列表，功能同“-a”参数类似
-c	显示 NetBIOS 缓存内的远程计算机名和对应的 IP 地址，该参数列出在本地 NetBIOS 缓存内连接过的远程计算机的 IP
-n	显示本地机的 NetBIOS 名称，此参数与 netstat 中加“-a”功能类似，“Registered”字段中的状态表明该名称是通过广播或 WINS 服务器注册的
-r	显示通过 Windows 网络名称解析（WINS）和广播方式解析出的计算机名
-R	清除 NetBIOS 名称缓存中的所有名称，并从 Lmhosts 文件中重新加载带有#PRE 标记的条目
-S	显示 NetBIOS 客户和服务器的会话，只通过 IP 地址列出远程计算机
-s	显示客户端和服务器会话，并将远程计算机的 IP 地址转换成 NetBIOS 名称。此参数和-S 差不多，只是这个会把对方的 NetBIOS 名给解析出来
-RR	释放在 WINS 服务器上注册的 NetBIOS 名称，然后刷新它们的注册
Interval	每隔 Interval 秒重新显示所选的统计，直到按 Ctrl＋C 组合键停止显示

（3）使用方法：在命令提示符窗口运行 nbtstat 命令，则显示如图 3-20 所示画面。

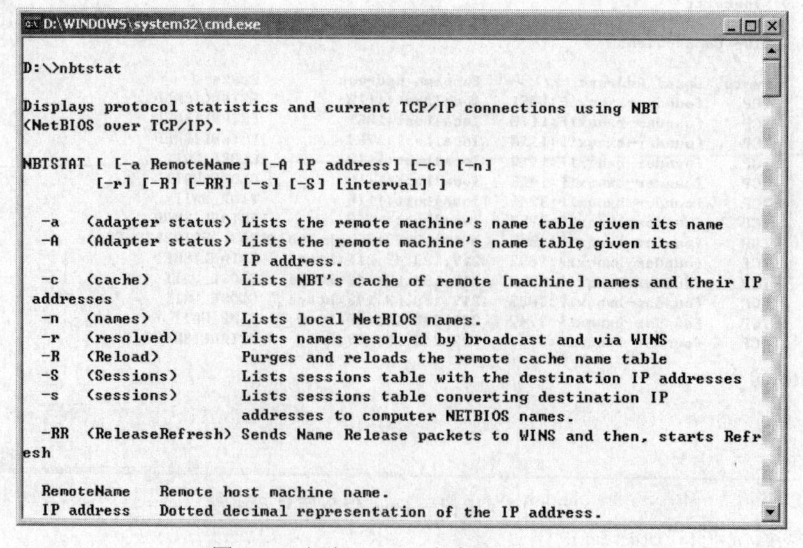

图 3-20　运行 nbtstat 命令后显示画面

6. tracert 命令

tracert 命令的功能是判定数据包到达目的主机所经过的路径、显示数据包经过的中继结点清单和到达时间。tracert 和 ping 的功能相似，但 tracert 还能同时告诉到达远程终端的路由，从而可以帮助确定 ping 不能做到的任务。运用 tracert 到达远程终端，能够看见到达这台机器的路径。通过观察该路径，可以确定一个路由器是否被错误地配置。

（1）语法格式：

tracert[-d][-h maximum_hops][-j computer-list][-w timeout]target_name

（2）参数说明：tracert 命令中各项参数选项的含义如表 3-7 所示。

表 3-7　tracert 命令中各项参数选项的含义

选项	选项含义
-d	表示不将 IP 地址解析为主机名称，可以提高测试速度
-h maximum_hops	指定到达目标地址的路径中所存在的最大跃点数，默认为 30 个跃点
-j hostlist	hostlist 为指定数据包所经过路径中的路由器接口列表
-w timeout	指定返回回送应答消息的时间，以毫秒为单位
Target_name	指定目标，可以是 IP 地址或主机名

（3）tracert 命令的使用方法：在命令提示符窗口运行 tracert 命令，则显示如图 3-21 所示画面。

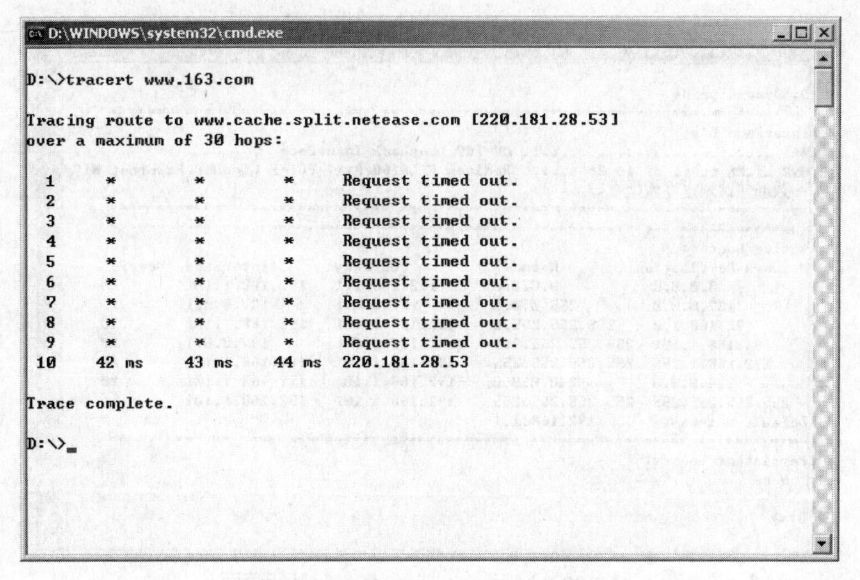

图 3-21　运行 tracert 命令后显示画面

7. route 命令

通过使用该命令，可以添加或修改本地 Windows Server 2003 的路由表。

（1）语法格式：

route [-f] [-p] [Command [Destination] [mask Netmask] [Gateway] [metric Metric]] [if Interface]]

（2）参数说明：route 命令中各项参数选项的含义如表 3-8 所示。

表 3-8　route 命令中各项参数选项的含义

选项	选项含义
-f	用于清除路由表
-p	用于永久保留某条路由，即使在系统重启后也不会丢失路由
Command	主要有 PRINT、ADD、DELETE、CHANGE 共 4 条命令
print	打印路由，如要想观察在系统中已经建立的路由条目，可打开一个命令提示符窗口，键入“route print”后便会显示系统当前的路由表，如图 3-22 所示
add	添加路由
change	更改现存路由
Delete	删除路由
Destination	表示所要达到的目标 IP 地址
MASK	指定与网络目标地址相关联的子网掩码。对于主机路由是 255.255.255.255，对于默认路由是 0.0.0.0。如果忽略，则使用子网掩码 255.255.255.255
Gateway	指定到达网络目标前的下一个跃点的 IP 地址。网关地址是一个分配给相邻路由器的、可直接达到的 IP 地址
metric 和 interface	分别代表特殊路由的接口数目和到达目标地址的代价，一般可不做设置

（3）route 命令的使用方法：在命令提示符窗口运行 route print 命令，显示如图 3-22 所示画面。

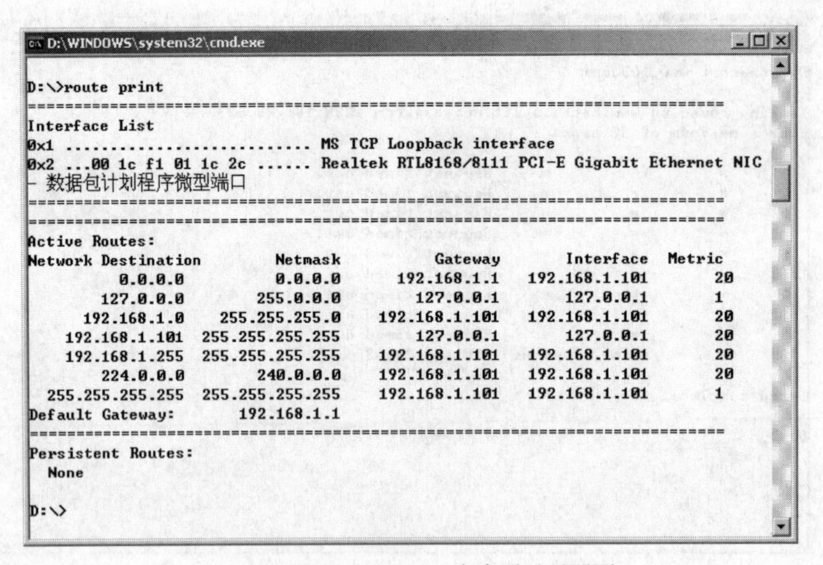

图 3-22　运行 route print 命令后显示画面

在命令提示符窗口运行 route 命令，显示如图 3-23 所示画面。

3.2.4　实训报告

1. 实训概况

实训概况主要包括：实训项目（内容）、实训地点、实训时间、实训环境（硬件与软件）。

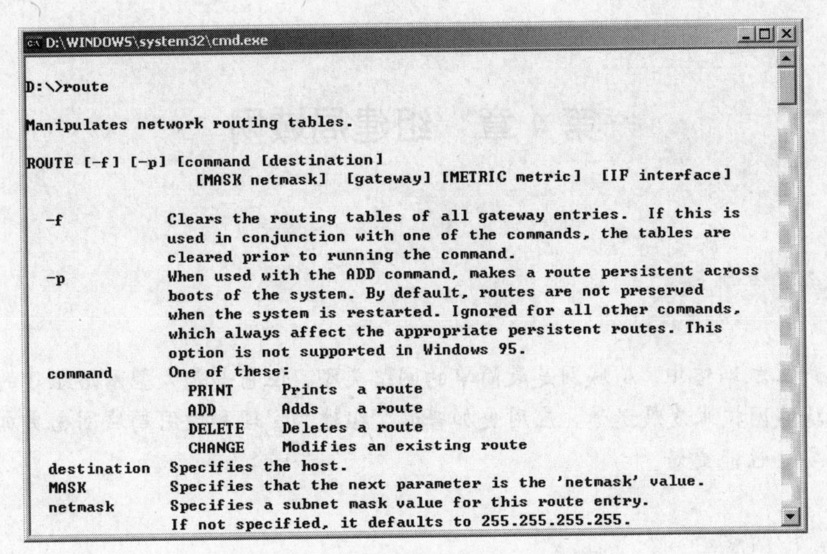

图 3-23　运行 route 命令后显示画面

2. 实训过程

按照实训内容的步骤，做好实训过程的详细记录。

3. 实训思考

（1）一般可用 ping 命令来判断几种网络故障？

（2）静态路由的作用？

（3）用 tracert 命令来判定数据包到达目的主机所经过的路径，如测试结果出现星号代表什么含义？

4. 实训心得

简述通过该实训的收获与心得体会。

第 4 章　组建局域网

在计算机网络中，局域网是最简单的网络类型，但它却是大型网络组建的基础。目前，局域网技术发展迅速，应用更加普遍。组建、管理和使用局域网也更加灵活，网络的安全性能更好。

本章安排了 5 个实训项目：局域网常用设备的连接方式、Cisco 交换机的基本配置、用 Cisco catalyst 配置虚拟局域网、生成树协议配置和中小企业组网。

通过本章实训，掌握集线器、交换机和路由器与 PC 之间的连接方法；熟悉交换机的基本配置方法和常用配置方法；掌握中小企业组网方法。

§4.1　局域网常用设备连接方式

局域网的常用连接设备主要有网络接口卡（NIC）、集线器（Hub）、交换机（Switch）和路由器（Router），接入层的设备是集线器和交换机，当要接入的网络端口很多时，必须采用多个接入设备来组织网络，这就要求网络系统集成工程师必须掌握多个设备的连接方法。

4.1.1　实训概述

1．实训背景

局域网由网络传输介质和连接设备等组成。在局域网中的连接设备有网络接口卡、集线器、交换机等。这 3 种设备是数据链路层的主要设备，并且具有物理层和数据链路层的功能。

（1）网络接口卡：是将计算机或其他设备连接到局域网的硬件设备，计算机通过其中的网卡与传输介质相连。根据所支持的物理层标准以及计算机接口的不同，可分成不同的类型。

如果按接口分类，可分为用来连接非屏蔽双绞线（UTP）和屏蔽双绞线（STP）的 RJ-45 接口；用来连接同轴电缆的 BNC 接口；用来连接粗缆的 AUI 接口等。

如果按以太网网卡所支持的计算机类型，主要可分为两种类型：

1）标准以太网网卡。用于台式计算机连网。

2）PCMCIA 网卡。是个人计算机内存卡国际协会（Personal Computer Memory Card

International Association）制定的便携机插卡标准，符合这种标准的网卡的大小和信用卡相似，它仅适用于便携机连网，所以又将 PCMCIA 称为便携式网卡。

如果按以太网网卡所支持的传输速率，主要可分为两种类型：

1）单速率网卡。包括：

- 10Mb/s 网卡：10Base-2（BNC），细缆；10Base-5（AUI），粗缆；10Base-T（RJ45），双绞线。
- 100Mb/s 网卡：100Base-TX，两对 5 类双绞线；100Base-T4，4 对 3/4/5 类双绞线；100Base-FX，一对多模光纤。
- 1000Mb/s 千兆网卡。

2）自适应网卡。包括：

- 10/100Mb/s 自适应网卡：100Base-TX，两对 5 类双绞线。
- 10/100/1000Mb/s 自适应网卡，能自动侦测出网络的传输速率。

如果按以太网网卡所支持的总线类型，主要可以分为 3 种类型：

1）16 位。适用于符合工业总线标准 ISA 的网卡。

2）32 位。适用于符合扩展的工业总线标准 EISA、MAC、VL-BUS、PCI 的网卡。

3）特殊总线。适用于符合 PCMCIA、并行口、USB 标准的网卡。

目前，多数以太网网卡通常是将几种类型的接口集成在一块网卡上，如 AUI/BNC、AUI/RJ-45、BNC/RJ-45 等二合一网卡及 AUI/BNC/RJ-45 的三合一网卡。也有些以太网网卡只提供 AUI、BNC、RJ-45 接口的其中一种，如只支持提供 RJ-45 接口的 10Mb/s 以太网网卡或 100Mb/s 以太网网卡。

（2）集线器：也称为 Hub，是构建星型网络时使用最多的设备之一，是星型网络中处于各分支的汇集点，网络中的所有计算机（网卡）都与它相连。

集线器的分类方法有很多种，而每一种分类方法，都反映了集线器所具有的各项特征。

如果按网络类型分类，可分为以太网 Hub、令牌环网 Hub、FDDI Hub 等。

如果按集线器端口连接介质的不同分类：可分为同轴电缆、双绞线和光纤 3 种类型。使用光纤的集线器一般用于远距离连接和需要高抗干扰性能的场合，所以较少使用，大多数的集线器都是以双绞线作为连接介质的。许多集线器上除了带有 RJ-45 接口外，还带有一个 AUI 粗缆接口和（或）一个 BNC 细缆接口，以实现不同介质网络的连接。

如果按集线器支持的传输速率不同分类，可分为 10Mb/s、100Mb/s 和 10/100Mb/s。

- 10Mb/s 集线器：支持 10Base-T 以太网。
- 100Mb/s 集线器：支持 100Base-T 以太网。
- 10/100Mb/s 集线器：自适应，能自动侦测出网络的传输速率。

如果按集线器结构不同分类：可分为独立式集线器、堆叠式集线器和模块式集线器 3 种。

1）独立式集线器（Standalone Hub）。是最简单的一种集线器，所有结点都通过非屏蔽双绞线与一个集线器连接，并构成物理上的星型拓扑结构。独立式集线器带有多个（8 个、12 个、16 个或 24 个）RJ-45 接口（端口）与一个 BNC、AUI 或光纤端口。独立式集线器价格低廉，适用于小型独立的工作小组、部门或办公室。在使用双绞线组成局域网时，利用独立式集线器连接计算机的结构如图 4-1 所示。

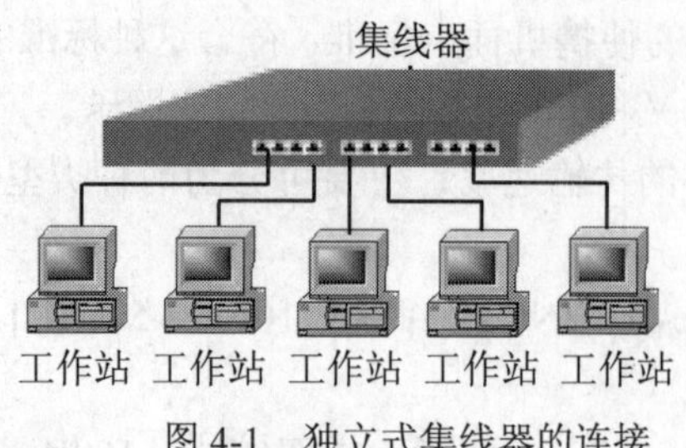

图 4-1 独立式集线器的连接

当计算机的数量超过一个独立集线器的端口数时，通常采用多台集线器进行级联的方法扩充端口数量。集线器一般都提供了用于连接结点的 RJ-45 端口和向上连接的上行端口，因此可以很方便地实现级联。图 4-2 给出了多台集线器级联组网结构的示意图，其中图 4-2（a）是集线器通过 RJ-45 端口的级联结构，图 4-2（b）是集线器通过上行端口的级联结构。

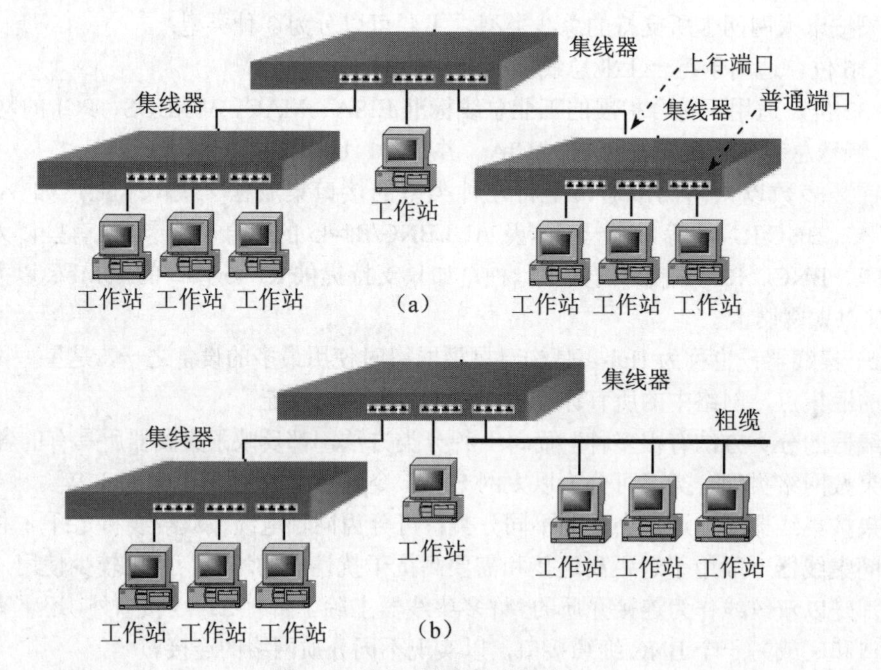

图 4-2 独立式集线器的连接

2）堆叠式集线器（Stackable Hub）。采用 RJ-45 端口的级联方法时，每一个用于级联的 RJ-45 端口很容易成为网络的瓶颈。另外，当集线器通过级联方式进行连接时，由于集线器也要遵守中继器的中继规则，因此，级联集线器数是限制的。当需要连接的结点比较多而又不能通过级联方式连接时，就要使用堆叠式集线器。其结构如图 4-3 所示。

堆叠式集线器在外观上与独立式集线器没有太大差别，不同的是它带有一个堆叠端口（不是 RJ-45 接口），每台堆叠式集线器通过堆叠端口，并使用一条高速链路实现集线器之间的高速数据传输。实际上，这条高速链路是用一根特殊的电缆将两台集线器的内部总线相连接，因此，这种连接在速度上要远远超过集线器的级联连接。

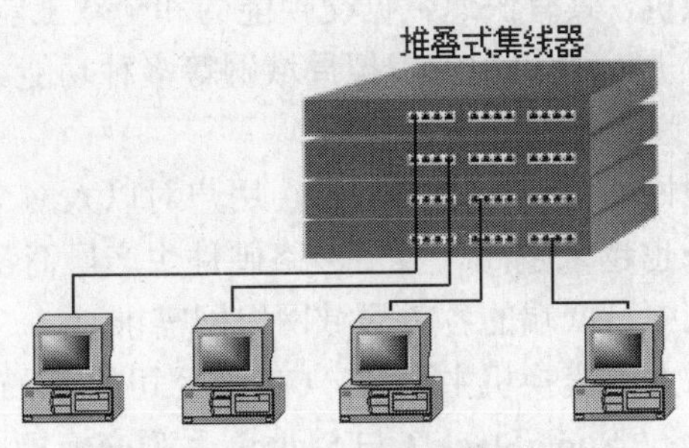

图 4-3　堆叠式集线器结构

在一个堆叠中，最多可有 4～10 台堆叠式集线器，提供了上百个连接端口，但它们在逻辑上只相当于单个集线器。当一个单位想以少量的投资建网而又要满足未来的增长需要时，这类集线器是最理想的选择。值得一提的是，由于生产集线器的厂家很多，如 Cisco、Intel、3Com 和 Bay 等，而且各厂家的产品又各不相同，基本上只能是同一厂家的产品才能进行堆叠。另外，堆叠的台数越多，成本越大。

3）模块式集线器（Module Hub）。又称为机架式集线器，它配有一个机架或卡箱，带有多个插槽，每个插槽可插入一块通信卡（模块），每个通信卡的作用就相当于一个独立型集线器。当通信卡插入机架内的卡槽中时，它们就被连接到机架的背板总线上，这样，两个通信卡上的端口之间就可以通过背板的高速总线进行通信。

模块式集线器的规格可为 4～14 个插槽，因此，网络的规模可以方便地进行扩充。例如，当插入 10 个通信卡且每一个卡支持 12 个结点时，一个模块式集线器就可以支持 120 个结点的连接。由于模块式集线器扩充结点非常方便且备有管理模块选件，所以它可以对所有的端口进行管理。另外，模块式集线器中也可插入交换机模块、路由器模块和冗余电源模块等，因此，模块式集线器在大型网络中应用很广泛。

（3）交换机：交换机也称交换式集线器，但它的每个端口都有固定的带宽、有独特的传输方式，传输速率不受计算机台数的增加影响，性能比集线器高。

交换式局域网的核心是局域网交换机。目前，使用最广泛的是 Ethernet 交换机。交换机局域网从根本上改变了“共享介质”工作方式，通过交换机支持多个结点之间的并发连接来实现多结点之间数据的并发传输。因此，交换式局域网可以增加网络带宽，改善局域网的性能与服务质量。

交换机有多种类型，其分类方法也有多种。最广泛的分类方法是按网络规模分为桌面型交换机、工作组型交换机和校园网交换机 3 类。

1）桌面型交换机（Desktop Switch）。是最常见的一种交换机，使用最广泛的低端交换机。通常提供的端口数在 12 个端口以内。在传输速度上，现代桌面型交换机大都提供多个具有 10/100Mb/s 自适应能力的端口。桌面型交换机主要用于一般办公室、小型机房和业务受理比较集中的业务部门、多媒体制作中心、网站管理中心等部门。

2）工作组型交换机（Workgroup Switch）。是传统集线器的理想代理中端交换机，固定配置一定数量的 RJ-45 接口，端口的传输速率基本上为 100Mb/s，常作为扩充设备。在桌面交换机不能满足需求时，大多直接考虑工作组型交换机。虽然工作组型交换机只有较小的端口数量，但却支持较多的 MAC 地址，并且具有良好的扩充能力。

3）校园网交换机（Campus Switch）。是属于企业级的高端交换机，主要用于大型网络，一般作为网络的骨干交换机，具有快速数据交换能力和全双工能力，可提供容错等职能特性，并且支持扩充选项及第 3 层交换机中的虚拟局域网等多种功能。校园网交换机端口的传输速率基本上为 1000Mb/s 以上。

随着各种网络应用对网络带宽需求的增加，用户对以太网交换机的需求量越来越大，对以太网交换机的性能要求也越来越高。很多网络硬件生产厂商都能提供全系列的以太网交换机产品，以满足从高端到中、低端的各类局域网组网需求。

目前应用最广泛的以太网交换机主要有：Cisco 公司的 Catalyst 系列交换机，3Com 公司的 Baseline、OfficeConnect、SuperStack 3 与 Switch 系列交换机，HP 公司的 ProCurve 系列交换机，D-link 公司的 DES、DGS 与 DXS 系列交换机，Nortel 公司的 Stack 与 Passport 系列交换机，NeetGear 公司的 FSM 与 GSM 系列交换机，华为公司的 Quidway 系列交换机，联想公司的 iSpirit 交换机，以及神州数码公司的 DCRS 系列交换机等。

2. 实训目的

（1）了解局域网常用设备的连接方式。

（2）掌握局域网常用设备连接的直通方式和级联方式。

（3）了解直通方式和级联方式的特点及其具体的应用。

（4）掌握利用级联方式解决网络规模问题的方法。

3. 实训内容

完成 PC 与交换机、PC 与路由器、交换机与交换机、交换机与路由器的连接，总结各自的特点和使用环境。

4.1.2 实训规划

1. 实训设备

（1）交换机（1 台）；

（2）交叉双绞线（2 根）；直通双绞线（2 根）；

（3）路由器（1 台）；

（4）装有 Windows 2003 操作系统的 PC 机（2 台）。

2. 实训拓扑

实训的连接如表 4-1 所示，其拓扑结构如图 4-4 所示。

表 4-1 设备连接

连线类型 设备 / 设备	路由器	交换机	PC 机
路由器	交叉线	直通线	交叉线
交换机	直通线	交叉线	直通线
PC 机	交叉线	直通线	交叉线

4.1.3 实训步骤

1. 利用 UpLink 端口连接交换机

（1）利用双绞线跳线，通过 UpLink 端口将交换机与交换机连接起来。

（2）使用双绞线跳线连接 PC 机，并测试网络。

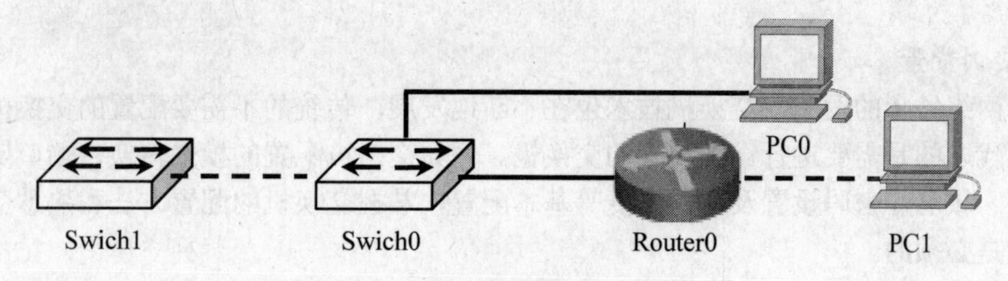

图 4-4　常用网络设备连接拓扑图

2. 利用普通端口连接路由器

（1）利用双绞线铰接线，通过交换机的普通端口连接路由器的以太网端口。

（2）使用双绞线跳线连接 PC 到路由器的以太网端口，测试网络。

4.1.4　实训报告

1. 实训概况

实训概况主要包括：实训项目（内容）、实训地点、实训时间、实训环境（硬件与软件）。

2. 实训过程

按照实训内容的步骤，做好实训过程的详细记录。

3. 实训思考

（1）交换机与路由器有什么区别？

（2）连接不同网络设备时所使用的双绞线类型？

（3）如何通过网络设备上的指示灯来判断网络的连通性？

4. 实训心得

简述通过项实训的收获与心得体会。

§ 4.2　交换机的基本配置

交换机采用 IOS 作为操作系统。利用 IOS 实现操作者与交换机的交互，从而实现对交换机的管理和配置。在配置交换机时，由于任务、权限不同，可以分为普通用户模式、特权模式、全局模式和接口模式，各种不同模式的转换关系如图 4-5 所示。

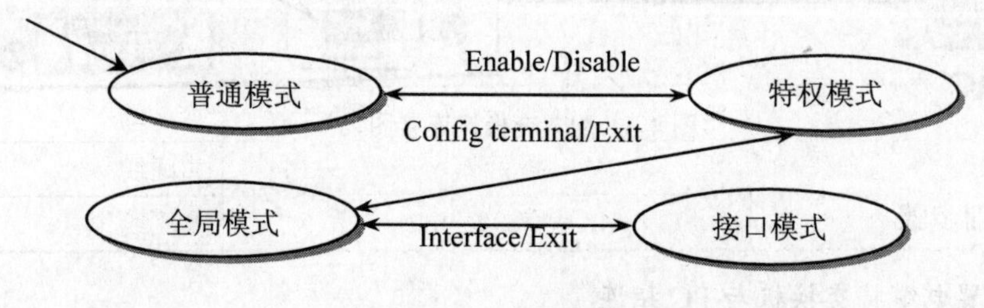

图 4-5　交换机模式示意图

4.2.1 实训概述

1. 实训背景

随着网络技术的发展，交换机技术也在不断地发展，传统的不需要配置的交换机越来越少，取而代之的是需要进行详细配置的交换机。例如交换机配置的模式转换、端口属性、地址、网关、域名、密码设置及密码恢复等基本配置，掌握交换机的配置方法和熟悉交换机的基本配置是必须的。

交换机是一个较复杂的多端口透明网桥，在处理转发决策时，交换机和透明网桥是类似的，但由于交换机采用了专门设计的集成电路，因此交换机能够以线路速率在所有的端口并行转发信息，提供了比传统网桥高得多的操作性能。

在交换机中有一个交换表（Switching Table）或称为 MAC 地址表，在交换表中包含有接入该交换机每个端口的 MAC 地址。交换表中的 MAC 地址是从各个端口学习而来的，或在这些端口上静态设置的。

2. 实训目的

了解交换机内部操作系统的工作过程，掌握交换机的配置方法，熟悉交换机的基本配置；为下一步进行交换机的应用配置作准备。

3. 实训内容

通过配置交换机的配置端口，利用的超级终端配置交换机，同时了解 Cisco 交换机的基本配置命令。

4.2.2 实训规划

1. 实训设备

（1）装有 Windows Server 2003 的 PC（1 台）；

（2）Cisco 2950 交换机（1 台）；

（3）配置电缆（1 根）。

2. 实训拓扑

配置交换机的实训拓扑结构如图 4-6 所示。在 PC 上安装 Windows 2000/XP 操作系统。

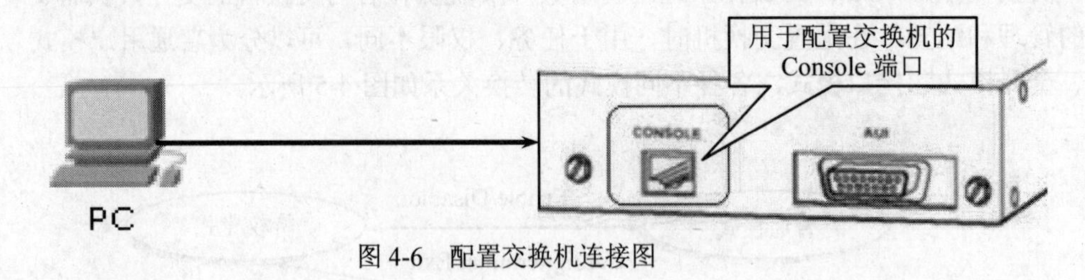

图 4-6 配置交换机连接图

4.2.3 实训步骤

1. 利用配置电缆将交换机与 PC 相连

（1）将配置电缆的一端接入 PC 的串口。

（2）将配置电缆的另一端接入交换机的 Console 端口。

2. 在PC上运行虚拟终端软件

（1）安装虚拟终端软件：在Windows Server 2003中，如果没有安装“超级终端”，应按下列步骤安装虚拟终端软件。

1）打开“控制面板”中的“添加或删除程序”；

2）单击“添加删除Windows组件”；

3）单击“附件和工具”，然后单击“详细信息”；

4）单击“通讯”，然后单击“详细信息”；

5）选中“超级终端”复选框，然后单击“确定”按钮。

（2）进入超级终端：安装完超级终端软件后，可进行如下操作进入超级终端。

1）单击“开始”按钮；

2）选择“所有程序”菜单；

3）选择“附件”子菜单；

4）选择“通讯”子菜单；

5）选择“超级终端”菜单项，如图4-7所示。

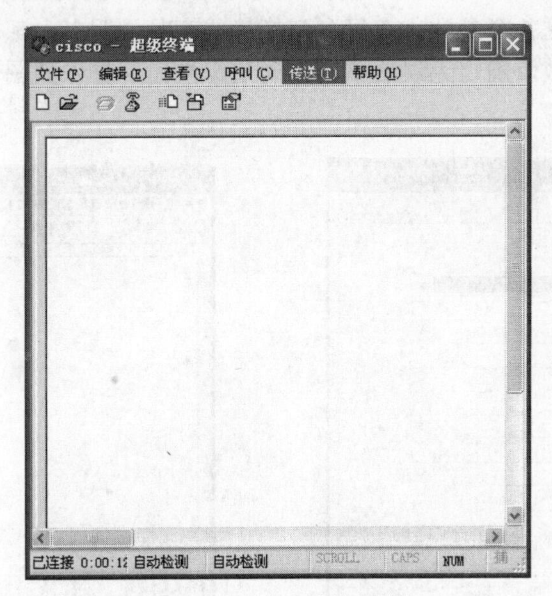

图4-7 启动超级终端示意图

（3）超级终端的配置：如果已经建立了超级终端连接，则出现已建立的超级终端的名称，选择名称直接进入超级终端交互界面；否则，需要按照下面的步骤进行超级终端的配置。

1）超级终端参数配置。在图4-8所示界面上为超级终端与交换机建立的连接确定一个名字，同时选定一个图标。这样，以后再进行交换机的配置时，使用刚刚建立的连接就可以了。

在如图4-9所示界面上为所建立的连接选择串行端口，在PC上一般可选择的串行端口是COM1、COM2、COM3或COM4。

2）串行协议配置。配置串行协议是为了保证交换机的终端能与交换机进行通信。只有超级终端的串行协议参数与交换机串行通信端口（Console）所具有的串行协议参数相匹配，才能实现配置交换机的终端与交换机之间的通信。串行协议参数包括每秒位数、数据位、奇偶校验、停止位、数据流控制等 5 项，不同厂家的交换机具有不同的配置参数。在 Cisco 交换机中，有一个简单的配置方法，即只要单击串行协议配置界面中的“还原为默认值”按钮，即可保证配置交换机的终端与交换机之间能正确地进行通信。

图 4-8 新建连接示意图

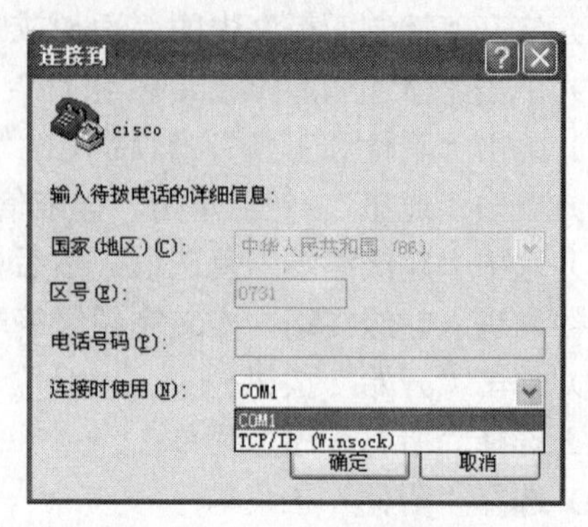

图 4-9 选择连接所用的设备示意图

在如图 4-10 所示界面上配置串行协议的参数，包括每秒位数、数据位、奇偶校验、停止位和数据流控制这 5 个参数。在每台交换机的产品说明书上都明确标明了这些参数，根据要求填写这些参数，确定无误后单击“确定”按钮，进入如图 4-11 所示的超级终端操操作界面。

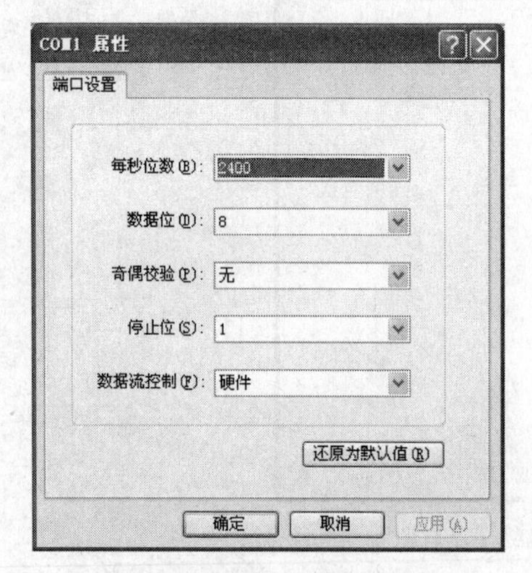

图 4-10 串行协议配置示意图

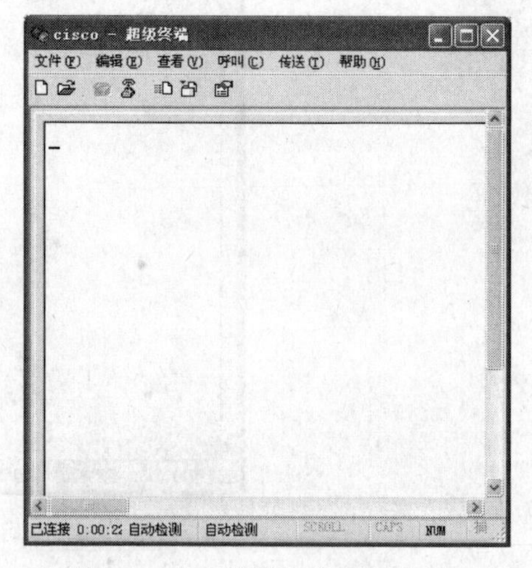

图 4-11 超级终端操作界面示意图

3. 对交换机进行配置和管理

进入超级终端的操作界面后，打开交换机的电源开关，这时在超级终端的界面上将出现交换机操作系统的运行结果。待交换机操作系统引导完毕进入交互界面后，就可以通过 PC 的键盘输入交换机操作系统命令对交换机进行配置和管理。这时需要清楚的是：通过超级终端软件使得 PC 屏幕上显示交换机运行的结果，而此时在键盘输入的任何命令都将被发往交换机，被交换机的操作系统解释执行。

（1）交换机配置：每个学员观察自己的实验设备，特别是设备的端口。根据设备的实际情况进行配置，表 4-2 是配置范例。

表 4-2 配置范例表

设备名称	Cisco 2950
设备类型	交换机
以太口的数量	24
以太口的类型	RJ45
以太口标识	Ethernet0 Ethernet1……
以太口速度	100M
控制端口数量	1
控制端口类型	RJ-45
控制端口标识	Console

（2）将网络设备连接到一起：注意选择正确的线缆类型，双绞线、直通线和交叉线。

4. 交换机的基本配置

（1）基本命令

```
Switch>                                                   （进入“用户模式”）
Switch>enable                                             （进入“特权模式”）
Switch#                                                   （显示已进入“特权模式”）
Switch# config terminal                                   （进入“全局模式”）
Switch(config)#                                           （显示进入“全局模式”）
Switch(config)# hostname SW1（）#                          （将交换机的名称更改为“SW1”）
Switch(config)# enable password cisco                     （设置进入“特权模式”的明文密码为 cisco）
Switch(config)# enable secret network                     （设置进入“特权模式”的加密密码为 network）
Switch(config)# line vty 0 15                             （进入 Telnet 登录接口配置模式）
Switch(config-line)# password skill                       （设置 Telnet 登录接口的密码为 skill）
Switch(config-line)# login                                （启用 Telnet 登录密码）
Switch(config)# ip address 192.169.1.1 255.255.255.0      （设置交换机 IP 地址）
Switch(config)# ip default-gateway 192.169.1.254          （设置默认网关）
Switch(config)# ip domain-name test.com                   （设置 DNS 域名）
Switch(config)# ip name-server 200.0.0.1                  （设置 DNS 域名服务器 IP 地址）
```

（2）配置交换机端口属性：speed 命令可以选择搭配 10，100 和 auto，分别代表 10Mb/s，100Mb/s 和自动协商速度。duplex 命令也可以选择 full，half 和 auto，分别代表全双工、半双工和自动协商双工状态。description 命令用于描述特定端口的名字，建议对特殊端口进行描述。现在设置接入端口 1 的速度为 100Mb/s，双工状态为全双工：

```
Switch(config)# interface fastethernet 0/1      （进入交换机 Fast Ethernet 0/1 端口的配置模式）
Switch(config-if)# speed 100                    （设置该端口的速率为 100Mb/s）
Switch(config-if)# duplex full                  （设置该端口为全双工模式）
Switch(config-if)# description up_to_mis        （设置该端口描述为 up_to_mis）
Switch(config-if)# end                          （退回到“特权模式”）
Switch# show interface fastethernet 0/1         （显示 Fast Ethernet 0/1 端口信息）
```

interface range 可以对一组端口进行统一配置，如果已知端口是直接与 PC 机连接，而不接路由器和交换机的情况下可以用 spanning-tree portfast 命令设置快速端口，快速端口不再经历生成树的四个状态，直接进入转发状态，提高接入速度。

```
Switch1(config)# interface range fastethernet 0/1-20            （对 1-20 端口进行配置）
Switch1(config-if-range)# switchport mode access                （设置端口为"接入模式"）
Switch1(config-if-range)# spanning-tree portfast                （设置 1-20 端口为快速端口）
Switch1(config)# interface fastethernet 0/24
Switch1(config-if)# switchport mode trunk                       （设置 24 号端口为 trunk 模式）
```

交换机可以通过自动协商工作在 trunk 模式，trunk 是用来承载多个 VLAN 时用的端口模式，用来连接不同交换机上的相同 VLAN。

4.2.4 实训报告

1. 实训概况

实训概况主要包括：实训项目（内容）、实训地点、实训时间、实训环境（硬件与软件）。

2. 实训过程

按照实训内容的步骤，做好实训过程的详细记录。

3. 实训思考

（1）连接 Console 端口的线与普通双绞线有什么差别？

（2）PC 机通过 Console 端口能对交换机进行一些什么配置？

（3）交换机的用户模式、特权模式和全局模式的区别？

（4）如何使自己的配置在交换机断电重启后不丢失？

4. 实训心得

简述通过该实训的收获与心得体会。

§4.3 用 Cisco Catalyst 配置虚拟局域网

4.3.1 实训概述背景

1. 实训背景

在一些小规模网络或大规模网络的接入层，可能出现同一部门分布在不同的地方，这时可以通过划分虚拟局域网的方法让不同的部门隔离，同一部门可以通信。虚拟局域网的配置是按照交换机端口来定义 VLAN 用户，即 VLAN 从逻辑上把局域网交换机的端口划分开来，然后根据用户需要的 IP 地址在 VLAN 中划分子网。端口 VLAN 的划分可分为单交换机端口和多交换机端口两种方式，前者只支持在一台交换机上划分多个 VLAN，后者可以使一个 VLAN 跨越多个交换机，并且同一台交换机上的端口可以属于不同 VLAN。

2. 实训目的

建立以交换机端口为核心的静态虚拟局域网的基本操作技能，掌握配置静态虚拟局域网的基本步骤，学会用于在 Cisco 交换机上配置静态虚拟局域网的命令。

3. 实训内容

在一台交换机上划分静态虚拟局域网。采用静态虚拟局域网技术，在 Cisco Catalyst 2950 交换机上划分 2 个虚拟子网。

4.3.2　实训规划

1. 实训设备

（1）Cisco Catalyat 2950 交换机（2 台）。

（2）运行 Windows XP 系统的 PC（4 台）。

（3）配置电缆（1 根），双绞线跳线（4 根），交叉双绞线（1 根）

2. 实训拓扑

实训拓扑结构如图 4-12 所示，交换机端口分配如表 4-3 所示。

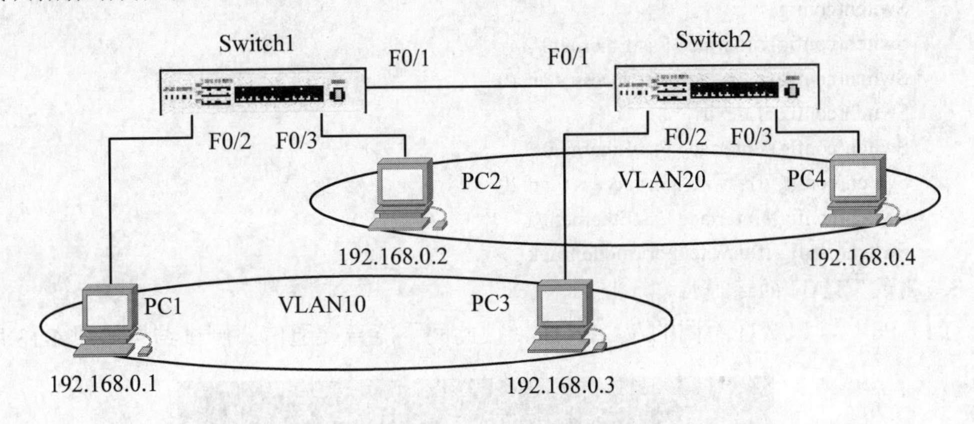

图 4-12　虚拟局域网实训拓扑图

表 4-3　虚拟局域网划分规划表

交换机	VLAN 名称	各端口所属 VLAN
Switch1	VLAN10、VLAN20	2（VLAN10）、3（VLAN20）
Switch2	VLAN10、VLAN20	2（VLAN10）、3（VLAN20）

4.3.3　实训步骤

1. 配置交换机 Switch1

```
Switch>enable                                          （进入“特权模式”）
Switch#configure terminal                              （进入“全局配置”模式）
Switch(config)#vlan 10                                 （创建 VLAN 10）
Switch(config-vlan)#name VLAN10                        （设置 VLAN 的名称为 VLAN10）
Switch(config-vlan)#exit                               （退出到“特权模式”下）
Switch(config)#vlan 20                                 （创建 VLAN 20）
Switch(config-vlan)#name VLAN20                        （设置 VLAN 的名称为 VLAN20）
Switch(config-vlan)#exit                               （退出到“特权模式”下）
Switch(config)#interface FastEthernet0/2               （进入 2 号端口）
Switch(config-if)#switchport access vlan 10            （将 2 号端口加入到 VLAN10 中）
Switch(config)#interface FastEthernet0/3               （进入 3 号端口）
Switch(config-if)#switchport access vlan 20            （将 3 号端口加入到 VLAN20 中）
Switch(config)#interface FastEthernet0/1               （进入 1 号端口）
Switch(config-if)#switchport mode trunk                （把 1 号端口配置为 trunk 模式）
```

2. 配置交换机 Switch2

```
Switch>enable
Switch#configure terminal
Switch(config)#vlan 10
Switch(config-vlan)#name VLAN 10
Switch(config-vlan)#exit
Switch(config)#vlan 20
Switch(config-vlan)#name VLAN 20
Switch(config-vlan)#exit
Switch(config)#
Switch(config)#interface FastEthernet0/2
Switch(config-if)#switchport access vlan 10
Switch(config-if)#exit
Switch(config)#interface FastEthernet0/3
Switch(config-if)#switchport access vlan 20
Switch(config)#interface FastEthernet0/1
Switch(config-if)#switchport mode trunk
```

3. 测试 VLAN 的连通性

（1）PC1 与 PC2 在不同的 VLAN 中，彼此间不能直接通信。测试结果如图 4-13 所示。

```
PC>ping 192.168.0.2

Pinging 192.168.0.2 with 32 bytes of data:

Request timed out.
Request timed out.
Request timed out.
Request timed out.

Ping statistics for 192.168.0.2:
    Packets: Sent = 4, Received = 0, Lost = 4 (100% loss),
```

图 4-13　不同 VLAN 中的连通测试

（2）PC1 与 PC3 在相同 VLAN 中，彼此间能直接通信。测试结果如图 4-14 所示。

```
PC>ping 192.168.0.3

Pinging 192.168.0.3 with 32 bytes of data:

Reply from 192.168.0.3: bytes=32 time=138ms TTL=128
Reply from 192.168.0.3: bytes=32 time=105ms TTL=128
Reply from 192.168.0.3: bytes=32 time=110ms TTL=128
Reply from 192.168.0.3: bytes=32 time=104ms TTL=128

Ping statistics for 192.168.0.3:
    Packets: Sent = 4, Received = 4, Lost = 0 (0% loss),
Approximate round trip times in milli-seconds:
    Minimum = 104ms, Maximum = 138ms, Average = 114ms
```

图 4-14　相同 VLAN 中的连通测试

4.3.4　实训报告

1. 实训概况

实训概况主要包括：实训项目（内容）、实训地点、实训时间、实训环境（硬件与软件）。

2. 实训过程

按照实训内容的步骤，做好实训过程的详细记录。

3. 实训思考

（1）划分 VLAN 有什么意义？

（2）有几种划分 VLAN 的方法？

（3）不同 VLAN 间能不能相互通信？

4. 实训心得

简述通过该实训的收获与心得体会。

§4.4　生成树协议的配置

4.4.1　实训概述

1. 实训背景

交换机能够按照 MAC 地址表进行正确的数据帧转发，但是在数据转发过程中，交换机不保留任何有关该数据帧的转发记录。当网路中存在环路时，交换机可能会再次接收到同一数据帧，由于交换机中没有该数据帧的转发记录，因此继续转发该数据帧。这种重复转发，会导致网络流量增大，网络性能下降。尤其是在遇到广播报文时，非常容易在网路上形成广播风暴。为了解决由于网络环路导致的广播风暴问题，IEEE 802.1D 协议标准中规定了 STP 协议，称为生成树协议（Spanning Tree Protocol），它在逻辑上通过阻断网络中的冗余链路来消除网络中的路径环路，当活动路径发生故障时，则激活被阻断的冗余链路，从而保障了网络的不间断运行。

生成树协议的工作原理是通过在交换机之间传递一种特殊的网桥协议数据单元（Bridge Protocol DataUnit，BPDU），在 IEEE 802.1D 中这种协议报文被称为"配置消息"，以此来确定网络的拓扑结构。配置消息中包含了足够的信息来保证交换机顺利完成生成树的计算。

配置消息中主要包括四项内容：根网桥的 ID（Root ID），由树根的优先级和 MAC 地址组合而成；到根网桥的最小路径开销（Root Path Cost），最短路径上所有链路开销的代数和；指定网桥的 ID（Desigenate Bridge ID），由指定交换机的优先级和 MAC 地址组合而成；指定端口的 ID（Desigenate Port ID），由指定端口的优先级和端口编号组成。

对一台交换机而言，指定网桥就是与本机直接相连并且负责向本机转发数据包的交换机；指定端口就是指定网桥向本机转发数据的端口。对于一个局域网而言，指定网桥就是负责向这个网段转发数据包的交换机；指定端口就是指定网桥向这个网段转发数据的端口。

最初，所有网桥都发送以自己为根网桥的配置消息，即 RootID、RootPathCost、TransrnittingBriID 和 TransmittingPortID。网桥将收到的配置消息和自己的配置消息进行优先级比较，保留优先级较高的配置消息，并据此来完成生成树的计算。

生成树协议是将复杂的物理网络拓扑变为逻辑上的一棵树，其主要作用是通过阻断冗余链路来消除网络中可能存在的路径回环。而当活动路径发生故障时，可以激活冗余备份链路，恢复网络连通性。生成树协议的计算过程如下：

（1）选择根网桥：选择根网桥的依据是交换机的网桥 ID，网桥 ID 小的即为根网桥。网桥 ID 由网桥优先级（默认为 32768）和网桥 MAC 地址组成。当网桥优先级相等时将比较 MAC

地址。MAC 地址最小的将成为根网桥，根网桥上的所有端口都为指定端口。

注意：用于网桥 ID 的 MAC 地址为使用 show mac-address-table 命令查看到的第一个 MAC 地址。

（2）选择根端口。

1）到达根网桥路径成本最低。

2）当到达根网桥路径相同时，看直连的网桥 ID 哪个最小。

3）当以上两项都相同时，看端口优先级哪个最小。

（3）选择指定端口。

1）到达根网桥路径成本最低。

2）当到达根网桥路径相同时，看端口所在的网桥 ID 哪个最小。

3）当以上两项都相同时，看端口优先级哪个最小。

（4）配置命令

启用生成树协议：**spanning_tree vlan** *vlan_list*

配置根网桥：spanning-tree vlan *vlan_list* root primary

修改端口优先级：**spanning-tree** *vlan vlan-id* **port-priority** *priority*

查看某个 VLAN 的生成树信息：**show spanning-tree vlan** *vlan-id*

2. 实训目的

（1）掌握生成树协议工作原理。

（2）掌握选举根网桥、根端口、指定端口的方法。

（3）掌握如何查看 STP 运行信息。

3. 实训内容

（1）在存在网络环路的交换机上启用 STP。

（2）配置根网桥。

（3）配置端口优先级。

（4）查看 STP 运行情况。

4.4.2 实训规划

1. 实训设备

（1）Cisco 2950 交换机（3 台）。

（2）交叉网线（3 根）。

2. 实训拓扑

本次生成树 STP 实训拓扑如图 4-15 所示。要求将交换机 A 设置为根网桥，将交换机 B 上的端口 F0/1 设置为指定端口，将交换机 C 上的端口 F0/1 阻塞。

4.4.3 实训步骤

1. 配置交换机 A

```
A#conf t
A(config)#spanning-tree vlan 1                  （在 VLAN1 中启用 STP 生成树协议）
A(config)#spanning-tree vlan 1 root primary     （将交换机 A 设置为 VLAN1 中的根网桥）
```

将交换机 A 配置为根网桥后，交换机 A 上的所有端口都将成为指定端口。与交换机相连的其他交换机上的端口都将成为根端口。

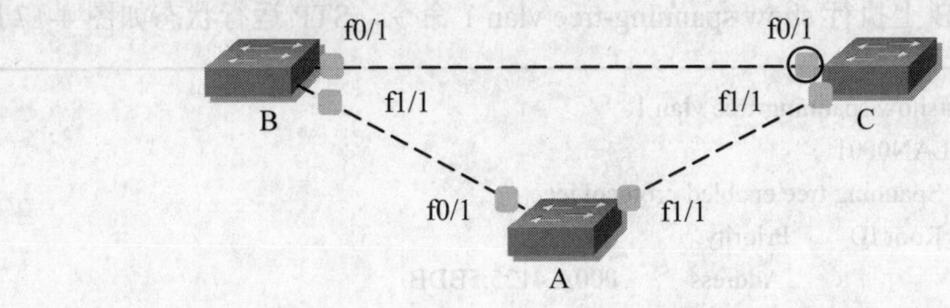

图 4-15　STP 实训拓扑图

2. 配置交换机 B

```
B#conf t
B(config)#spanning-tree vlan 1
B(config)#int f0/1
B(config-if)#spanning-tree vlan 1 port-priority 16
```

（将交换机 B 的 F0/1 端口优先级设置为 16，默认为 128）

交换机 B 上的 F1/1 端口将成为根端口，因为它直接与根网桥 A 相连。端口 F0/1 因为将优先级修改成了 16，相比交换机 C 上端口 F0/1 的优先级要小，所以 F0/1 将成为指定端口。

3. 配置交换机 C

```
C#conf t
C(config)#spanning-tree vlan 1
```

在确定了根端口和指定端口后，交换机 C 上既不是根端口又不是指定端口的 F0/1 将会被阻塞。这里的阻塞只是逻辑意义上的阻塞，物理上仍然处于激活状态。当其他端口出现故障时，F0/1 端口将会从阻塞状态转化为转发状态，保持网络的连通性。

4. 测试 STP 运行结果

（1）在交换机 A 上执行 show spanning-tree vlan 1 命令，STP 运行状态如图 4-16 所示。

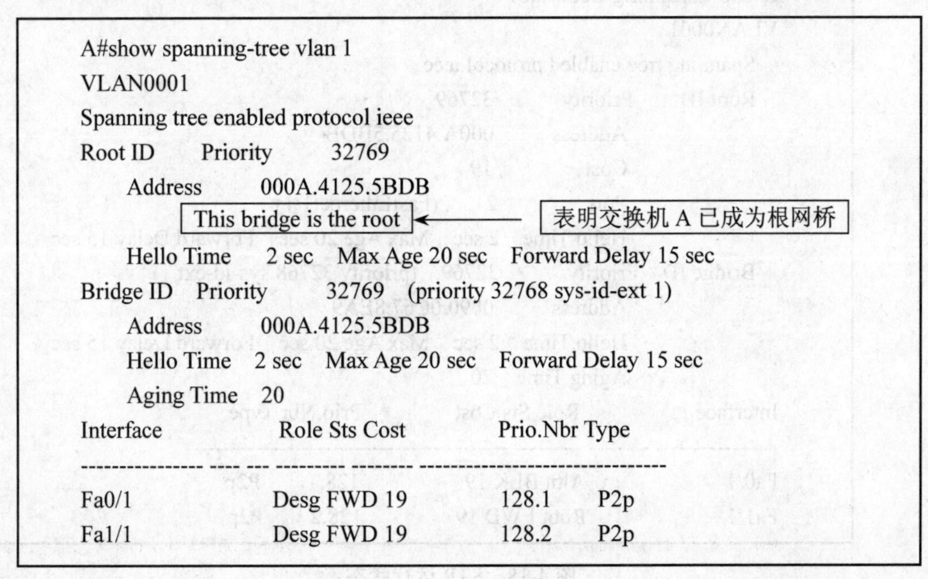

```
A#show spanning-tree vlan 1
VLAN0001
Spanning tree enabled protocol ieee
Root ID      Priority      32769
     Address      000A.4125.5BDB
     This bridge is the root
     Hello Time    2 sec   Max Age 20 sec   Forward Delay 15 sec
Bridge ID   Priority      32769   (priority 32768 sys-id-ext 1)
     Address      000A.4125.5BDB
     Hello Time    2 sec   Max Age 20 sec   Forward Delay 15 sec
     Aging Time    20
Interface            Role Sts Cost          Prio.Nbr Type
---------------- ---- --- --------- -------- --------------------------------
Fa0/1                Desg FWD 19            128.1      P2p
Fa1/1                Desg FWD 19            128.2      P2p
```


图 4-16　STP 运行状态

从交换机 A 上的 STP 状态可以看到，F0/1 和 F1/1 端口都为 FWD（转发状态），端口角色都为 Desg（指定端口），并且已经成为根网桥。

（2）在交换机 B 上执行 show spanning-tree vlan 1 命令，STP 运行状态如图 4-17 所示。

```
B#show spanning-tree vlan 1
VLAN0001
  Spanning tree enabled protocol ieee
  Root ID      Priority        32769
               Address         000A.4125.5BDB
               Cost            19
               Port            2 (FastEthernet1/1)
               Hello Time   2 sec   Max Age 20 sec   Forward Delay 15 sec
  Bridge ID   Priority        32769   (priority 32768 sys-id-ext 1)
               Address         0050.0F8C.CD8C
               Hello Time   2 sec   Max Age 20 sec   Forward Delay 15 sec
               Aging Time   20
Interface          Role Sts Cost          Prio.Nbr Type
---------------- ---- --- --------- -------- --------------------------------
Fa0/1              Desg FWD 19            16.1       P2p
Fa1/1              Root FWD 19            128.2      P2p
```

图 4-17　STP 运行状态

从交换机 B 上的 STP 状态可以看到，F0/1 和 F1/1 端口都为 FWD（转发状态），F1/1 的端口角色为 Root（根端口），并且 F0/1 的优先级已经修改为 16。

（3）在交换机 B 上执行 show spanning-tree vlan 1 命令，STP 运行状态如图 4-18 所示。

```
C#show spanning-tree vlan 1
VLAN0001
  Spanning tree enabled protocol ieee
  Root ID      Priority        32769
               Address         000A.4125.5BDB
               Cost            19
               Port            2       (FastEthernet1/1)
               Hello Time   2 sec   Max Age 20 sec   Forward Delay 15 sec
  Bridge ID   Priority        32769   (priority 32768 sys-id-ext 1)
               Address         0090.0C67.8EA9
               Hello Time   2 sec   Max Age 20 sec   Forward Delay 15 sec
               Aging Time   20
Interface          Role Sts Cost          Prio.Nbr Type
---------------- ---- --- --------- -------- --------------------------------
Fa0/1              Altn BLK 19            128.1      P2p
Fa1/1              Root FWD 19            128.2      P2p
```

图 4-18　STP 运行状态

从交换机C上的STP状态可以看到，F0/1端口已变为BLK（阻塞状态）。证明STP生成树协议配置成功。

4.4.4　实训报告

1. 实训概况

实训概况主要包括：实训项目（内容）、实训地点、实训时间、实训环境（硬件与软件）。

2. 实训过程

按照实训内容的步骤，做好实训过程的详细记录。

3. 实训思考

（1）STP生成树协议的工作原理是什么？

（2）如何手工指定网络中的根网桥？

（3）如何修改端口的优先级？

（4）在什么情况下处于阻塞状态的端口会转化为转发状态？

4. 实训心得

简述通过该实训的收获与心得体会。

§4.5　中小企业组网

4.5.1　实训概述

1. 实训背景

公司有财务、设计、市场三个部门，总部和分部有各自的办公场所，公司有自己的Web、FTP、邮件服务器。要求总部和分部有快速连接，多部门划分VLAN，用ACL控制各部门访问权限，配置网络打印机。

2. 实训目的

（1）熟悉100Base-T星型拓扑以太网的网卡、交换机、线缆、连接器等网络硬件设备。

（2）熟悉Windows XP、2000/2003中的网络组件及各参数的设置和安装方法。

（3）理解对等网的基本概念和特点。

（4）掌握对等网中共享资源的使用。

（5）掌握用ping命令测试网络连通性的方法。

3. 实训内容

建立一个基于Windows的对等网，物理拓扑结构为100Base-T以太网。

4.5.2　实训规划

1. 实训设备

（1）二层交换机（1台）。

（2）三层交换机（1台）。

（3）服务器PC机（1台）。

（4）打印服务器（1台）。

（5）线缆（若干）。

2. 实训拓扑

完成本次中小企业组网实训的拓扑结构如图 4-19 所示。

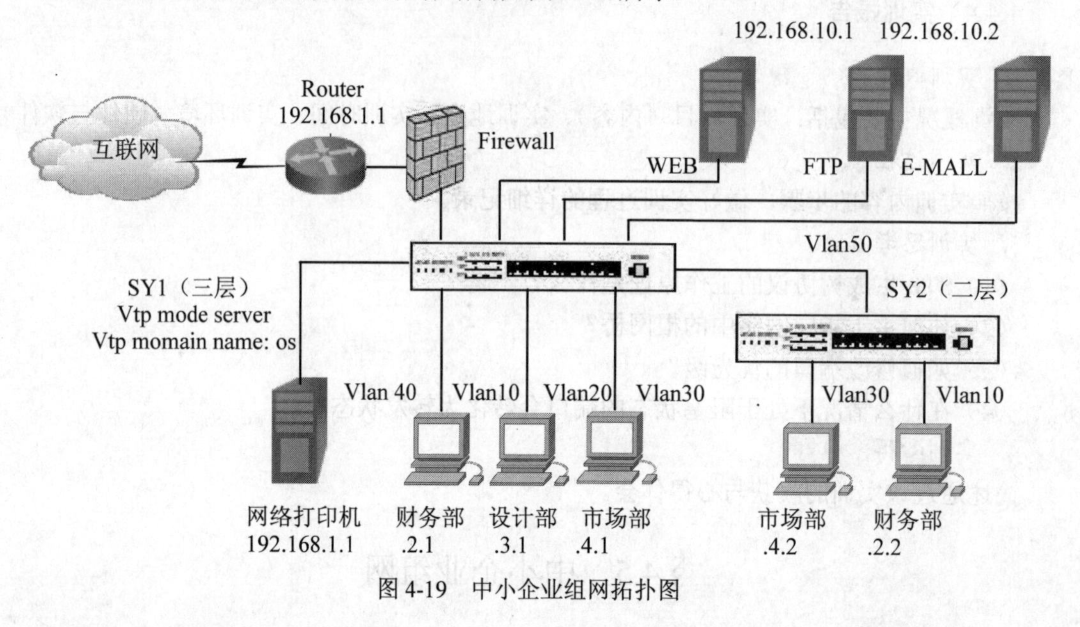

图 4-19 中小企业组网拓扑图

4.5.3 实训步骤

1. 配置三层交换机 SW1()#

（1）创建 VTP 服务器并创建 VLAN。

```
Switch>enable                          （进入“特权模式”）
Switch#vlan database                   （进入 VLAN 配置模式）
Switch(vlan)#vtp domain os             （创建 VTP 域名为 OS）
Switch(vlan)#vtp password cisco        （设置 VTP 域密码）
Switch(vlan)#vtp server                （配置 VTP 模式为服务器模式）
```

（2）创建 VLAN 编号及名称。

```
Switch(vlan)#vlan 10 name caiwu        （创建名称为 caiwu 的 VLAN 10）
Switch(vlan)#vlan 20 name sheji        （创建名称为 sheji 的 VLAN 20）
Switch(vlan)#vlan 30 name shichang     （创建名称为 shichang 的 VLAN 30）
Switch(vlan)#vlan 40 name print        （创建名称为 print 的 VLAN 40）
Switch(vlan)#vlan 50 name server       （创建名称为 server 的 VLAN 50）
```

（3）查看 VLAN 信息。

执行 Switch#show vlan 命令，显示 VLAN 信息如图 4-20 所示。

（4）更改接口模式并划分到 VLAN 中。

```
Switch#configure terminal
Switch(config)#interface FastEthernet0/4
Switch(config-if)#switchport access vlan 10
Switch(config-if)#exit
Switch(config)#interface FastEthernet0/5
```

```
Switch(config-if)#switchport access vlan 20
Switch(config-if)#exit
Switch(config)#interface FastEthernet0/6
Switch(config-if)#switchport access vlan 30
Switch(config-if)#exit
Switch(config)#interface FastEthernet0/7
Switch(config-if)#switchport access vlan 50
Switch(config-if)#exit
Switch(config)#interface FastEthernet0/8
Switch(config-if)#switchport access vlan 50
Switch(config-if)#exit
Switch(config)#interface FastEthernet0/9
Switch(config-if)#switchport access vlan 50
Switch(config-if)#exit
Switch(config)#interface FastEthernet0/3
Switch(config-if)#switchport access vlan 40
Switch(config-if)#exit
```

```
VLAN Name                          Status    Ports
---- ----------------------------- --------- -------------------------------
1    default                       active    Fa0/1, Fa0/2, Fa0/3, Fa0/4
                                             Fa0/5, Fa0/6, Fa0/7, Fa0/8
                                             Fa0/9, Fa0/10, Fa0/11, Fa0/12
                                             Fa0/13, Fa0/14, Fa0/15, Fa0/16
                                             Fa0/17, Fa0/18, Fa0/19, Fa0/20
                                             Fa0/21, Fa0/22, Fa0/23, Fa0/24
                                             Gig0/1, Gig0/2
10   caiwu                         active
20   sheji                         active
30   shichang                      active      <- 已经建立好的 VLAN
40   print                         active
50   server                        active
1002 fddi-default                  active
1003 token-ring-default            active
1004 fddinet-default               active
1005 trnet-default                 active
```

图 4-20　显示 VLAN 信息

（5）配置干道模式。

```
Switch(config)#interface FastEthernet0/2
Switch(config-if)#switchport mode trunk
```

（6）配置各个 VLAN 网关 IP。

```
Switch(config-if)#int vlan 10                                  （进入 VLAN 接口模式）
Switch(config-if)#ip address 192.168.2.254 255.255.255.0       （设置 VLAN 10 的 IP 地址）
Switch(config-if)#int vlan 20
```

```
Switch(config-if)#ip address 192.168.3.254 255.255.255.0
Switch(config-if)#int vlan 30
Switch(config-if)#ip address 192.168.4.254 255.255.255.0
Switch(config-if)#int vlan 40
Switch(config-if)#ip address 192.168.1.254 255.255.255.0
Switch(config-if)#int vlan 50
Switch(config-if)#ip address 192.168.10.254 255.255.255.0
Switch(config-if)#exit
```

（7）启用路由功能。

```
Switch(config)#ip routing                    （在三层交换机上启用路由功能）
```

（8）查看路由表。

执行 Switch#show ip rout 命令，现实信息如图 4-21 所示。

```
Codes:  C - connected, S - static, I - IGRP, R - RIP, M - mobile, B - BGP
        D - EIGRP, EX - EIGRP external, O - OSPF, IA - OSPF inter area
        N1 - OSPF NSSA external type 1, N2 - OSPF NSSA external type 2
        E1 - OSPF external type 1, E2 - OSPF external type 2, E - EGP
        i - IS-IS, L1 - IS-IS level-1, L2 - IS-IS level-2, ia - IS-IS inter area
        * - candidate default, U - per-user static route, o - ODR
        P - periodic downloaded static route
Gateway of last resort is not set
C       192.168.1.0/24 is directly connected, Vlan40
C       192.168.2.0/24 is directly connected, Vlan10
C       192.168.3.0/24 is directly connected, Vlan20
C       192.168.4.0/24 is directly connected, Vlan30
C       192.168.10.0/24 is directly connected, Vlan50
```

图 4-21　执行 Switch#show ip rout 命令显示信息

（9）配置 ACL 应用在各个部门的 VLAN 接口上，控制各部门互访

```
Switch(config)#int vlan 10
Switch(config-if)#access-list 10 permit 192.168.10.0 0.0.0.255
                    （创建访问控制列表允许 192.168.10.0 网段的数据通过）
Switch(config)#int vlan 10
Switch(config-if)#access-list 10 permit 192.168.1.0 0.0.0.255
                    （创建访问控制列表允许 192.168.1.0 网段的数据通过）
Switch(config)#int vlan 10
Switch(config-if)#access-list 10 deny any              （拒绝所有数据包通过）
Switch(config)#int vlan 10
Switch(config-if)#ip access-group 10 out               （将访问控制列表应用到接口上）
```

注意：access-list 10 应用于 VLAN 10 OUT 方向上，财务部内部可以互访，可以访问服务器网段和网络打印机网段，拒绝其他。

```
Switch(config)#int vlan 20
Switch(config-if)#access-list 20 permit 192.168.10.0 0.0.0.255
Switch(config)#int vlan 20
Switch(config-if)#access-list 20 permit 192.168.1.0 0.0.0.255
```

```
Switch(config)#int vlan 20
Switch(config-if)#access-list 20 deny any
Switch(config)#int vlan 20
Switch(config-if)#ip access-group 20 out
```

注意：access-list 20 应用于 VLAN 20 OUT 方向上，设计部内部可以互访，可以访问服务器网段和网络打印机网段，拒绝其他。

```
Switch(config-if)#int vlan 30
Switch(config-if)#access-list 30 permit 192.168.10.0 0.0.0.255
Switch(config)#int vlan 30
Switch(config-if)#access-list 30 permit 192.168.1.0 0.0.0.255
Switch(config)#int vlan 30
Switch(config-if)#access-list 30 deny any
Switch(config-if)#ip access-group 30 out
```

注意：access-list 30 应用于 VLAN 30 OUT 方向上，市场部内部可以互访，可以访问服务器网段和网络打印机网段，拒绝其他。

```
Switch(config-if)#exit
```

2. 配置二层交换机 SW2

（1）创建 VTP 客户端。

```
Switch>en
Switch#vlan database
Switch(vlan)#vtp domain os
Switch(vlan)#vtp password cisco
Switch(vlan)#vtp client                    （配置 VTP 模式为客户端模式）
```

（2）查看 VLAN 信息。

执行 Switch#show vlan 命令，显示 VLAN 信息如图 4-22 所示。

```
VLAN Name                              Status    Ports
---- --------------------------------- --------- -------------------------------
1    default                           active    Fa0/2, Fa0/3, Fa0/4, Fa0/5
                                                 Fa0/6, Fa0/7, Fa0/8, Fa0/9
                                                 Fa0/10, Fa0/11, Fa0/12, Fa0/13
                                                 Fa0/14, Fa0/15, Fa0/16, Fa0/17
                                                 Fa0/18, Fa0/19, Fa0/20, Fa0/21
                                                 Fa0/22, Fa0/23, Fa0/24
10   caiwu                             active
20   sheji                             active
30   shichang                          active    <-- 从 SW1 学习到的 VLAN
40   print                             active
50   server                            active
1002 fddi-default                      active
1003 token-ring-default                active
1004 fddinet-default                   active
1005 trnet-default                     active
```

图 4-22　执行 Switch#show vlan 命令显示 VLAN 信息

（3）更改接口模式并划分到 VLAN 中。

```
Switch(config)#int f0/1
Switch(config-if)#switchport mode trunk
Switch(config)#int f0/2
Switch(config-if)#switchport access vlan 30
Switch(config-if)#int f0/3
Switch(config-if)#switchport access vlan 10
```

（4）查看 VLAN。

执行 Switch#show vlan 命令，显示 VLAN 信息如图 4-23 所示。

```
VLAN Name                             Status    Ports
---- -------------------------------- --------- -------------------------------
1    default                          active    Fa0/4, Fa0/5, Fa0/6, Fa0/7
                                                Fa0/8, Fa0/9, Fa0/10, Fa0/11
                                                Fa0/12, Fa0/13, Fa0/14, Fa0/15
                                                Fa0/16, Fa0/17, Fa0/18, Fa0/19
                                                Fa0/20, Fa0/21, Fa0/22, Fa0/23
                                                Fa0/24
10   caiwu                            active    Fa0/3
20   sheji                            active
30   shichang                         active    Fa0/2
40   print                            active
50   server                           active
1002 fddi-default                     active
1003 token-ring-default               active
1004 fddinet-default                  active
1005 trnet-default                    active
```

端口2和3已经划分到 VLAN 30 和 VLAN 10 中

图 4-23　执行 Switch#show vlan 命令显示 VLAN 信息

3. 办公计算机的配置

办公电脑示例配置

财务部计算机

IP：192.168.2.1

子网：255.255.255.0

网关：192.168.2.254(vlan 地址)

4.5.4　实训报告

1. 实训概况

实训概况主要包括：实训项目（内容）、实训地点、实训时间、实训环境（硬件与软件）。

2. 实训过程

按照实训内容的步骤，做好实训过程的详细记录。

3. 实训思考

（1）VTP 有什么作用？

（2）VTP 有几种配置模式？各自的特点是什么？

（3）三层交换机与二层交换机的区别是什么？如何启用三层交换机的路由功能？

（4）ACL 访问控制列表有什么作用？如何将其应用到接口上？

4. 实训心得

简述通过该实训的收获与心得体会。

第 5 章　路由器的配置

实现网络互联的设备有中继器、网桥、路由器和网关，其中，路由器是实现网络互联的关键设备。与交换机不同，路由器主要工作在 OSI 参考模型的网络层，它以分组（packet）作为数据交换的基本单位，属于通信子网的最高层设备。路由器是局域网到广域网的接入以及局域网之间互联时所需要的设备，掌握路由器的选择、配置和管理方法是计算机和相关专业学生应具备的一项重要技术。目前路由器的品牌较多，而且不同品牌的配置命令一般都不相同。考虑到实际应用的现状，本章仍然以 Cisco 设备为主进行介绍。如果使用的是其他品牌的设备，可在掌握本章内容后并参考具体设备操作说明的基础上完成相应的配置。

由于设备在网络中所处位置和所发挥的主要功能的不同，它们使用的主要连接介质一般也不一样。交换机主要负责用户设备的接入和多设备的汇集，所以主要使用双绞线和光纤作为连接介质。而路由器主要位于一个网络的边缘，负责网络的远程互联和局域网到广域网的接入，所以路由器上所使用的连接模块远比交换机丰富。

本章安排了 4 个实训项目：路由器的基本配置、静态路由协议配置、RIP 路由协议配置和 OSPF 路由协议配置。

通过本章实训，熟悉并掌握路由器的基本配置、静态路由协议配置、RIP 路由协议配置和 OSPF 路由协议配置方法。

§ 5.1　路由器的基本配置

在工程实践中，经常需要对系统集成项目中的路由器进行配置。简单的配置是利用路由器实现局域网的互联；复杂的配置则要在路由器上配置认证、地址转换、访问控制列表等。路由器是构建网络的关键设备，它可以在源网络和目标网络之间提供一条高效的数据传输路径，将数据从一个网络发送到另一个网络。

5.1.1　实训概述

1. 实训背景

路由器是构建网络的关键设备，它可以在源网络和目标网络之间提供一条高效的数据传输路径，将数据从一个网络发送到另一个网络。路由器的寻址依据是位于路由器中的路由表，路由表为路由器存储了到达网络上任一目的地所需要的一切必要信息，尽管路由器的种类不同，通过路由表提供共同的网络视图，从而能找到通往所有可能的目的地的路径。

由于目前计算机网络多使用 TCP/IP 协议，所以本实验主要介绍 IP 路由的相关设置。

2. 实训目的

（1）掌握路由器的基本工作原理和方法。

（2）掌握通过 PC 配置路由器的方法。

（3）掌握路由器的基本配置方法。

（4）熟悉路由器命令行的帮助功能。

3. 实训内容

（1）登录路由器的方法。

（2）由“用户模式”进入“特权模式”。

（3）进入“全局配置模式”。

（4）配置路由器的名称。

（5）配置路由器的管理地址。

（6）配置路由器的密码。

（7）保存配置。

5.1.2　实训规划

1. 实训设备

（1）路由器（1 台）。

（2）实验用 PC（至少 1 台）。

（3）专用 Console 电缆（1 根）。

（4）直连双绞线（1 根）。如果是通过串口连接，则需要配置专门的串行电缆。

2. 实训拓扑

如图 5-1 所示，用路由器自带的 Console 控制线连接路由器 Console 端口和 PC 的 COM 端口，在 PC 上安装 Windows XP 操作系统。

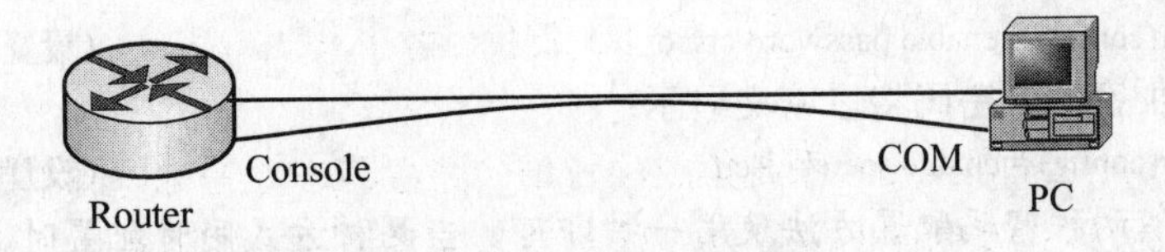

图 5-1　PC 与路由器之间的连接方式

5.1.3 实训步骤

1. 登录路由器

通过一个终端仿真程序实现，一般使用 Windows 操作系统自带的“超级终端”程序。具体配置方法见 5.3 节的相关内容。

2. 由“用户模式”进入“特权模式”

Router>enable （进入“特权模式”）
Router# （已进入“特权模式”）

3. 进入“全局配置模式”

Router#configure terminal （进入“全局配置”模式）
Router(config)# （已进入“全局配置”模式）

4. 配置路由器的名称

Router(config)#hostname kiki （设置路由器名称为“kiki”）

5. 配置路由器的管理地址

Router(config)#interface f0/1 （进入路由器 Fast Ethernet 0/1 端口的配置模式）
Router(config-if) # （显示已进入“端口配置模式”）
Router(comfig-if)#ip address 192.168.1.1 255.255.255.0
（将路由器 FastEthernet 0/1 端口地址配置为 192.168.1.1，子网掩码为 255.255.255.0）
Router(config-if)# no shutdown （开启路由器的 Fast Ethernet 0/1 端口）
Router(config-if)#end （退出端口配置模式，也可以使用 exit 命令逐层退出）

注意：由于交换机属于 OSI 的数据链层设备，所以无法直接在物理端口上配置 IP 地址（只能在 VLAN 1 上配置以便于管理交换机），而路由器属于网络层的设备，我们可以直接在物理端口上配置 IP 地址，此 IP 地址即成为管理地址。此外，与交换机的配置相同，在配置了路由器的端口后也需要使用 no shutdown 命令将其激活。

6. 配置路由器的密码

（1）为路由器设置开机密码：用户从 Console 口登录路由器时需要密码，具体配置如下：

Router(config) # 1ine console 0 （进入 Console 接口配置模式）
Router(config-1ine) # password cisco （设置 Console 口登录的密码为 cisco）
Router(config) # login （设置启用 Console 口的登录密码）

（2）配置远程登录（Telnet）路由器时需要密码，具体配置如下：

Router(config) # line vty 0 4 （进入 Telnet 登录接口配置模式）
Router(config) # password cisco （设置 Telnet 登录接口的密码为 cisco）
Router(config-line) # login （启用 Telnet 登录密码）

（3）配置“用户模式”进入“特权模式”时的密码分为两种，一种是未加密的，密码将以明文显示：

Router(config) # enable password cisco （设置明文密码为 cisco）

另一种是加密的，密码将以密文显示：

Router(config) # enable secret cisco （设置加密密码为 cisco）

注意：一般两种密码配置方法使用一种即可，当两种方式同时配置时，加密密码优先。

7. 保存配置

在路由器上的配置参数需要保存在存储器中，否则如果因为断电等原因重新启动系统后，未保存的参数将会全部丢失。

Router# write 或 Router # Copy running-config starup-config

注意：在路由器的配置中，与交换机一样可以使用系统提供的帮助功能“?”获得相应模式下所支持的命令列表；输入命令时可以使用命令简化功能，即可以使用 Tab 键来填补某一命令的剩余字母。

通过以上配置我们可以发现，交换机和路由器的许多基本配置命令是相同的，只是在配置 IP 地址上有所不同，这是由于交换机工作在 OSI 的数据链路层，而路由器则工作在网络层。

5.1.4　实训报告

1. 实训概况

实训概况主要包括：实训项目（内容）、实训地点、实训时间、实训环境（硬件与软件）。

2. 实训过程

按照实训内容的步骤，做好实训过程的详细记录。

3. 实训思考

（1）如何为交换机配置一个用于管理的 IP 地址？

（2）用户进入“特权模式”时的密码有几种类型？它们之间有什么区别？

（3）如何获得各种模式下的交换机命令列表？

（4）通过什么方法可以获取一个完整的命令？

4. 实训心得

简述通过该实训的收获与心得体会。

§ 5.2　静态路由协议配置

广域网数据包的路由是通过路由进程来实现的，路由进程确定路径的方法有如下两种：一种是通过配置写好的路由表来传送，路由器之间不需要进行路由信息的交换。这种由系统管理员手工配置路由表并指定每条路由的方法称为静态路由。另一种是由路由器按指定的路由协议格式在网上广播和接收路由信息，通过路由器不断交换路由信息，动态地更新和确定路由表，并随时向附近的路由器广播，这种自动调整方法称为动态路由。动态路由由于具有灵活、使用配置简单，适应大型网络环境，因而成为目前主要的路由类型。

5.2.1　实训概述

1. 实训背景

在静态路由配置中，由于相关的路由信息是由手工输入的，系统无法自动根据网络的变化进行变动，因而具有较高的安全系数，并且通常不向外广播。静态路由选择效率高、占用系统资源较少、配置简单、维护方便，所以应用较为广泛。目前，多数局域网之间的远距离连接，以及局域网接入 Internet 时，多使用静态路由。但是，对于结构复杂的大型网络来说，网络管理人员难以全面了解整个网络的拓扑结构，而且网络拓扑结构和链路状态可能会经常进行改变，这时静态路由是不适宜的，它主要用于网络结构比较简单且相对稳定的网络中。

在 Cisco 路由器上可以配置 3 种路由，即静态路由、动态路由和默认（缺省）路由。默认路由是指当数据包到达路由器时，如果路由器根据数据包的源地址或目的地址在其路由表项中没有找到与之相匹配的转发路径时，路由器按照一个预先设定好的路径转发该数据包。通常情况下，路由进程查找路由的顺序为静态路由、动态路由。在所有的路由中，静态路由有限级别最高。当动态路由与静态发生冲突时，以静态路由为准，当静态路由表和动态路由表中没有合适的路由时，则由默认路由将数据包传输出去。

在目前广泛使用的 TCP/IP 网络中，基于 IP 分组的路由选择是网络互联的基础。路由器根据路由表进行路由选择和数据转发，从而实现不同网段之间的互联。

（1）静态路由的配置命令：

Ip route[网络号][子网掩码][转发路由器的 IP 地址/本地端口]

其中[网络号]和[子网掩码]：为目标网络的 IP 地址和子网掩码，使用点分十进制表示。

[转发路由器的 IP 地址/本地端口]：指定该条路由的下一跳地址（用点分十进制表示）或发送端口的名称。在具体配置时，使用“转发路由器的 IP 地址”还是“本地端口”，需要根据实际情况来定。目前大多数路由器同时支持以上两种方式。

删除静态路由时，可使用以下命令：

no ip route[网络号][子网掩码][转发路由器的 IP 地址/本地端口]

（2）静态路由的配置步骤：在配置静态路由时，一般可通过以下几个步骤进行：

1）为每条链路分配 IP 地址；

2）为每个路由器标识非直连的链路地址；

3）为每个路由器写出非直连网络的路由语句。需要注意的是，在路由器中写出直连网络（或链路）的地址是没有意义的。

2. 实训目的

（1）掌握路由选择的基本方法。

（2）掌握静态路由的配置方法。

（3）掌握路由表的查看方法。

（4）掌握路由器之间连通性的测试方法。

在掌握路由器基本配置方法的基础上，继续学习路由配置的相关概念和静态路由的实现方法，并了解静态路由在实际网络互联中的重要性。

3. 实训内容

（1）在 Router1 上配置端口 f0/0 的 IP 地址。

（2）在路由器 Router1 上配置静态路由。

（3）在路由器 Router0 上配置端口的 IP 地址。

（4）在路由器 Router0 配置默认路由。

5.2.2 实训规划

1. 实训设备

（1）装有 Windows Server 2003 的 PC 机（1 台）。

（2）路由器（2 台）。

（3）实验用 PC（1 台）。

（4）交叉双绞线（2 根）。

2. 实训拓扑

静态路由配置的实训拓扑如图 5-2 所示，Router1 左边连接的是一个大型的网络环境。要求 Router1 能通过配置的静态路由 ping 通 PC。各设备参数如表 5-1 所示。

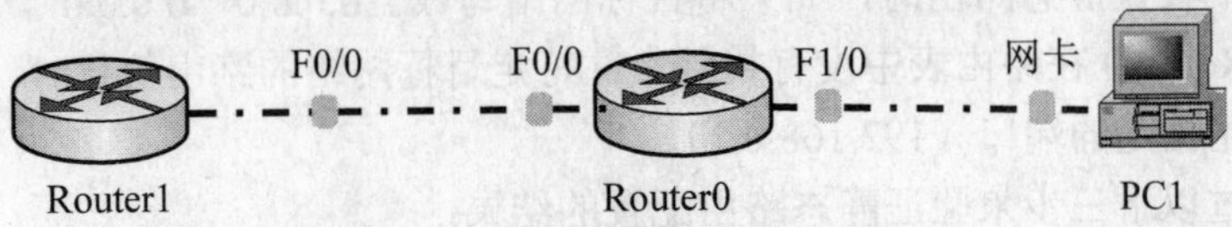

F0/0　F0/0　F1/0　网卡

Router1　Router0　PC1

图 5-2　路由器之间的连接和配置方式

表 5-1　各路由器接口的 IP 地址表

路由器	接口	IP 地址
Router1	f0/0	192.168.0.1/24
Router0	f0/0	192.168.0.2/24
Router0	f1/0	172.16.1.1/16

5.2.3　实训步骤

1. 在 Router1 上配置端口 f0/0 的 IP 地址

```
Router#configure terminal                                   （进入“全局模式”）
Router(config)#                                             （显示已进入“全局模式”）
Router(config)#hostname Router1                             （将路由器的名称设置为“Router1”）
Router1(config)#interface  f0/0                             （进入路由器 FastEthernet 0/0 端口的配置模式）
Router1(config-if)#ip address 192.168.0.1 255.255.255.0
                              （将路由器 f0/0 端口的地址配置为 192.168.0.1，子网掩码为 255.255.255.0）
Router1(config-if)#no shutdown                              （开启路由器的 f0/0 端口）
```

注意：与二层交换机的配置不同，由于路由器工作在 OSI 参考模型的网络层，所以可以直接在物理端口上配置 IP 地址；在配置了路由器的端口后必须要使用 no shutdown 命令将其开启；还有，如果两台路由器通过串口直接连接，还必须在其中一端设置时钟频率（DCE）。

2. 路由器 Router1 上静态路由的配置

```
Router1(config)#ip route 172.16.0.0    255.255.0.0    192.168.0.2
                              （设置到达目的网络 172.16.0.0 的下一跳为 192.168.0.2）
```

注意：对于 Router1 来说，192.168.0.1／24 和 192.168.0.2／24 是直连链路，所以不需要写出直连路由。

3. 在路由器 Router0 上配置端口的 IP 地址

```
Router# configure terminal
Router(config)#
Router(config)#hostname Router0              （使用 hostname 命令将路由器的名称更改为“Router0”）
Router0(config)# interface f0/0                              （进入路由器 f0/0 端口的配置模式）
Router0(config-if)#ip address   192.168.0.2 255.255.255.0
                              （将路由器 f0/0 端口的地址配置为 192.168.0.2，子网掩码为 255.255.255.0）
                                                            （开启路由器的 f1/0 端口）
Router0(config-if)#no shutdown
Router0(config)# interface f1/0
Router0(config-if)#ip address   172.16.1.1 255.255.0.0
```

```
Router0(config-if)#no shutdown
```

4. 在路由器 Router0 配置默认路由

Router0(config)#**ip route 0.0.0.0 0.0.0.0 192.168.0.1** **（设置默认路由为 192.168.0.1）**

另外，当我们设置静态路由时，如果将目标网络写成“0.0.0.0 0.0.0.0”，就变成了默认路由。即路由器 Router0 在路由表中没有找到去往特定目标网络的路由信息时，自动将所有数据发送到默认路由指定的端口（192.168.0.2）。

现在我们通过以下三步来验证静态路由配置的结果：

（1）查看 Router1 上的路由表，如图 5-3 所示。

由图 5-3 可以看到，Router1 的路由表上已经有了一条静态路由（用 S 来表示）和一条直连路由（用 C 来表示）。

```
Router1#show ip route
Codes:  C - connected, S - static, I - IGRP, R - RIP, M - mobile, B - BGP
        D - EIGRP, EX - EIGRP external, O - OSPF, IA - OSPF inter area
        N1 - OSPF NSSA external type 1, N2 - OSPF NSSA external type 2
        E1 - OSPF external type 1, E2 - OSPF external type 2, E - EGP
        i - IS-IS, L1 - IS-IS level-1, L2 - IS-IS level-2, ia - IS-IS inter area
        * - candidate default, U - per-user static route, o - ODR
        P - periodic downloaded static route
Gateway of last resort is not set
S     172.16.0.0/16 [1/0] via 192.168.0.2
C     192.168.0.0/24 is directly connected, FastEthernet0/0
```

图 5-3 Router1 上的路由表

（2）查看 Router0 上的路由表，如图 5-4 所示。

```
Router0#show ip route
Codes: C - connected, S - static, I - IGRP, R - RIP, M - mobile, B - BGP
       D - EIGRP, EX - EIGRP external, O - OSPF, IA - OSPF inter area
       N1 - OSPF NSSA external type 1, N2 - OSPF NSSA external type
2
       E1 - OSPF external type 1, E2 - OSPF external type 2, E - EGP
       i - IS-IS, L1 - IS-IS level-1, L2 - IS-IS level-2, ia - IS-IS inter area
       * - candidate default, U - per-user static route, o - ODR
       P - periodic downloaded static route
Gateway of last resort is 192.168.0.1 to network 0.0.0.0
C     172.16.0.0/16 is directly connected, FastEthernet1/0
C     192.168.0.0/24 is directly connected, FastEthernet0/0
S*    0.0.0.0/0 [1/0] via 192.168.0.1
```

图 5-4 Router0 上的路由表

由图 5-4 可以看到，Router0 的路由表上已经有了一条默认路由（用 S*来表示）和两条直连路由（用 C 来表示）。

（3）在 Router1 上 ping PC 机，其结果如图 5-5 所示。

```
Router1#ping 172.16.1.2

Type escape sequence to abort.
Sending 5, 100-byte ICMP Echos to 172.16.1.2, timeout is 2 seconds:
!!!!!
Success rate is 100 percent (5/5), round-trip min/avg/max = 47/59/63 ms
```

图 5-5　测试静态路由

在 Router1 上能 ping 通 PC 的 172.16.0.0 网段，证明静态路由已经配置成功。

5.2.4　实训报告

1．实训概况

实训概况主要包括：实训项目（内容）、实训地点、实训时间、实训环境（硬件与软件）。

2．实训过程

按照实训内容的步骤，做好实训过程的详细记录。

3．实训思考

（1）静态路由与默认路由的区别。

（2）如何配置静态路由？

（3）如何配置默认路由？

4．实训心得

简述通过该实训的收获与心得体会。

§5.3　RIP 路由协议配置

路由信息协议（Routing Information Protocol，RIP）是计算机网络中历史悠久的路由协议之一，是第一个作为开放标准的路由协议，也是较早推出的距离矢量（Distance Vector）路由协议。RIP 是一个最简单的距离矢量路由协议，非常适用于小型网络的应用。

5.3.1　实训概述

1．实训背景

RIP 路由协议是以跳数（hop count）作为度量值来计算路由的。RIP 使用单一路由 metric 来衡量源网络到目标网络的距离。从源到目标的路径中，每经过一跳（一个路由器），RIP 中的度量值便会增加一个跳数值，此值通常为 1。当 RIP 路由器收到包含新改变的目标网络发送来的路由更新信息时，就把其 metric 值加 1 然后存入的路由表，发送者的 IP 地址就作为下一跳地址。RIP 通过对源网络到目标网络的最大跳数加以限制来防止路由环，RIP 算法会优先选择到达目标网络跳数少的路径。RIP 支持的最大跳数是 15，跳数为 16 的网络被 RIP 认为该目标网络不可到达。为了适应快速的网络拓扑变化，RIP 规定了一些与其他路由协议相同的稳定特性。例如，RIP 实现了 split-horizon 和 hold-down 机制来防止路由信息的传播。此外，RIP 的跳数限制也防止了无限增长而产生路由环，

RIP 有 RIP Version 1 和 RIP Version 2 两个版本，分别缩写为 RIP vl 和 RIP v2。其中，RIP v1 不支持子网，它交换的路由信息中不包含子网掩码，RIP v2 弥补了此缺陷，增加了对可变长子网掩码（Variable Length Subnet Masks，VLSM）的支持，在配置 RIP 路由协议时一般都使用 RIP v2。RIP v1 是以广播的形式进行路由信息更新，而 RIP v2 是以组播的形式进行路由信息更新的，该组播地址是 224.0.0.9。另外，RIP v2 还支持基于端口的认证，以提高网络的安全性。RIP 路由协议的具体配置方法如下：

（1）在路由器全局配置模式下启动 RIP 路由协议，命令格式如下：

Router(config-Router)# Network 网络号

（2）在路由器配置模式下，用 Network 命令来发布每个路由器的直连网络。由于 RIP v1 不支持可变长子网掩码（VLSM），所以发布的本地网络只能是主网络，即按照默认的子网掩码进行发布。

2. 实训目的

（1）掌握 RIP 路由协议的路由原理。

（2）掌握 RIP 路由协议的配置方法。

（3）掌握路由表的查看方法。

（4）掌握路由器之间连通性的测试方法。

在理解了路由器的工作原理以及掌握了静态路由配置方法的基础上，学习 RIP 路由协议的工作特点、应用范围和配置方法。

3. 实训内容

利用 3 台路由器组建一个小型网络，通过配置 RIP 动态路由器协议达到网络连通的目的。

5.3.2 实训规划

1. 实训设备

（1）路由器（3 台）。

（2）实验用 PC（2 台）。

（3）交叉双绞线（4 根）。

2. 实训拓扑

完成本实训的网络拓扑结构如图 5-6 所示。要求 Router1 能通过 RIP 协议学习到 Router3 上的网段，并且 PC1 能 ping 通 PC2。各个设备的参数如表 5-2 所示。

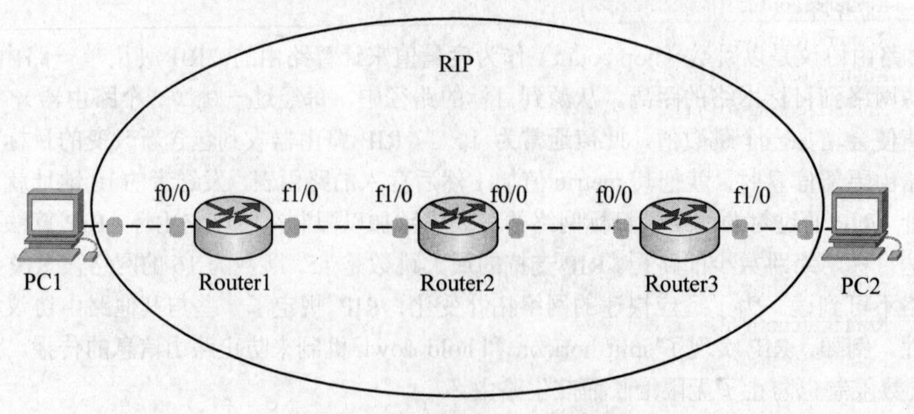

图 5-6 RIP 路由协议实验拓扑图

表 5-2　各路由器接口的 IP 地址分配表

路由器	接口	IP 地址
Router1	f0/0	192.168.1.1/24
Router1	f1/0	10.0.0.2/8
Router2	f0/0	20.0.0.2/8
Router2	f1/0	10.0.0.1/8
Router3	f0/0	20.0.0.1/8
Router3	f1/0	192.168.2.1/24

5.3.3　实训步骤

1. Router1 的基本配置

Router (config)#hostname Router1　　　**（设置路由器的名称为 Router 1）**
Router1 (config)#interface f0/0　　　**（进入 FastEthernet 0/0 的端口配置模式）**
Router1 (config-if)#ip address 192.168.1.1 255.255.255.0　　　**（配置端口的 IP 地址）**
Router1 (config-if)# no shutdown
Router1 (config)#interface f1/0
Router1 (config-if)#ip address 10.0.0.2　255.0.0.0
Router1 (config-if)# no shutdown
Router1 (config-if)#exit
Router1 (config)# **router rip**　　　**（启用 RIP 路由协议）**
Router1(config-router)#**network 192.168.1.0**　　　**（宣告 192. 168. 1. 0 为参与 RIP 路由的网段）**
Router1(config-router)#**network 10.0.0.0**　　　**（宣告 10. 0. 0. 0 为参与 RIP 路由的网段）**

2. Router2 的基本配置

Router (config)#hostname Router2
Router2 (config)#interface f0/0
Router2 (config-if)#ip address 20.0.0.2　255.0.0.0
Router2 (config-if)# no shutdown
Router2 (config-if)#exit
Router2 (config)#interface f1/0
Router2 (config-if)#ip address 10.0.0.1　255.0.0.0
Router2 (config-if)# no shutdown
Router2 (config-if)#exit
Router2 (config)# **router rip**
Router2(config-router)#**network 20.0.0.0**
Router2(config-router)#**network 10.0.0.0**

3. Router3 的基本配置

Router (config)#hostname Router3
Router3 (config)#interface f0/0
Router3 (config-if)#ip address 20.0.0.1　255.0.0.0
Router3 (config-if)# no shutdown
Router3 (config-if)#exit
Router3 (config)#interface f1/0
Router3 (config-if)#ip address 192.168.2.1 255.255.255.0

```
Router3 (config-if)# no shutdown
Router3 (config-if)#exit
Router3 (config)# router rip
Router3(config-router)#network 20.0.0.0
Router3(config-router)#network 192.168.2.0
```

4. 结果验证

现在我们通过以下 4 步来验证 RIP 配置的结果：

（1）查看 Router1 上的路由表，如图 5-7 所示。

```
Router1#show ip route
Codes: C - connected, S - static, I - IGRP, R - RIP, M - mobile, B - BGP
       D - EIGRP, EX - EIGRP external, O - OSPF, IA - OSPF inter area
       N1 - OSPF NSSA external type 1, N2 - OSPF NSSA external type 2
       E1 - OSPF external type 1, E2 - OSPF external type 2, E - EGP
       i - IS-IS, L1 - IS-IS level-1, L2 - IS-IS level-2, ia - IS-IS inter area
       * - candidate default, U - per-user static route, o - ODR
       P - periodic downloaded static route
Gateway of last resort is not set
C      10.0.0.0/8 is directly connected, FastEthernet1/0
R      20.0.0.0/8 [120/1] via 10.0.0.1, 00:00:17, FastEthernet1/0
C      192.168.1.0/24 is directly connected, FastEthernet0/0
R      192.168.2.0/24 [120/2] via 10.0.0.1, 00:00:17, FastEthernet1/0
```

图 5-7　Router1 上的路由表

从 Router1 的路由表上可以看到，Router1 已经通过 RIP 协议学习到了 Router2 上的 20.0.0.0 网段和 Router3 上的 192.168.2.0 网段，R 表示是通过 RIP 协议学习到的路由。

（2）查看 Router2 上的路由表，如图 5-8 所示。

```
Router2#show ip route
Codes: C - connected, S - static, I - IGRP, R - RIP, M - mobile, B - BGP
       D - EIGRP, EX - EIGRP external, O - OSPF, IA - OSPF inter area
       N1 - OSPF NSSA external type 1, N2 - OSPF NSSA external type 2
       E1 - OSPF external type 1, E2 - OSPF external type 2, E - EGP
       i - IS-IS, L1 - IS-IS level-1, L2 - IS-IS level-2, ia - IS-IS inter area
       * - candidate default, U - per-user static route, o - ODR
       P - periodic downloaded static route
Gateway of last resort is not set
C      10.0.0.0/8 is directly connected, FastEthernet1/0
C      20.0.0.0/8 is directly connected, FastEthernet0/0
R      192.168.1.0/24 [120/1] via 10.0.0.2, 00:00:12, FastEthernet1/0
R      192.168.2.0/24 [120/1] via 20.0.0.1, 00:00:05, FastEthernet0/0
```

图 5-8　Router2 上的路由表

从 Router2 的路由表上可以看到，Router2 已经通过 RIP 协议学习到了 Router1 上的

192.168.1.0 网段和 Router3 上的 192.168.2.0 网段。

（3）查看 Router3 上的路由表，如图 5-9 所示。

```
Router3#show ip route
Codes: C - connected, S - static, I - IGRP, R - RIP, M - mobile, B - BGP
       D - EIGRP, EX - EIGRP external, O - OSPF, IA - OSPF inter area
       N1 - OSPF NSSA external type 1, N2 - OSPF NSSA external type 2
       E1 - OSPF external type 1, E2 - OSPF external type 2, E - EGP
       i - IS-IS, L1 - IS-IS level-1, L2 - IS-IS level-2, ia - IS-IS inter area
       * - candidate default, U - per-user static route, o - ODR
       P - periodic downloaded static route
Gateway of last resort is not set
R      10.0.0.0/8 [120/1] via 20.0.0.2, 00:00:14, FastEthernet0/0
C      20.0.0.0/8 is directly connected, FastEthernet0/0
R      192.168.1.0/24 [120/2] via 20.0.0.2, 00:00:14, FastEthernet0/0
C      192.168.2.0/24 is directly connected, FastEthernet1/0
```

图 5-9　Router3 上的路由表

同理，从 Router3 的路由表上可以看到，Router3 已经通过 RIP 协议学习到了 Router2 上的 10.0.0.0 网段和 Router1 上的 192.168.1.0 网段。

（4）用 PC1 机（IP：192.168.1.2）ping PC2 机（IP：192.168.2.2）结果如图 5-10 所示。

```
PC>ping 192.168.2.2

Pinging 192.168.2.2 with 32 bytes of data:

Reply from 192.168.2.2: bytes=32 time=78ms TTL=128
Reply from 192.168.2.2: bytes=32 time=32ms TTL=128
Reply from 192.168.2.2: bytes=32 time=31ms TTL=128
Reply from 192.168.2.2: bytes=32 time=32ms TTL=128

Ping statistics for 192.168.2.2:
    Packets: Sent = 4, Received = 4, Lost = 0 (0% loss),
Approximate round trip times in milli-seconds:
    Minimum = 31ms, Maximum = 78ms, Average = 43ms
```

图 5-10　测试 RIP 连通性

结果证明 PC1 能 ping 通 PC2，RIP 路由协议配置成功。

5.3.4　实训报告

1. 实训概况

实训概况主要包括：实训项目（内容）、实训地点、实训时间、实训环境（硬件与软件）。

2. 实训过程

按照实训内容的步骤，做好实训过程的详细记录。

3. 实训思考

（1）静态路由与动态路由的区别。

（2）如何配置 RIP 路由协议？

（3）如何通过查看路由表得知 RIP 协议是否学习到其他网段？

4. 实训心得

简述通过该实训的收获与心得体会。

§5.4 OSPF 路由协议配置

OSPF 即为（Open Shortest Path First，开放最短路径优先）动态路由协议。“开放”表明该协议是一个公开的协议，它由标准化协议组织制定，各设备厂商都可得到协议的技术细节，能在几乎所有的路由器和三层交换机（Cisco 3550 交换机只有企业版才支持 OSPF）上运行。

5.4.1 实训概述

1. 实训背景

路由器学习路由信息，生成并维护路由表的方法包括直连路由（Direct）、静态路由（Static）和动态路由（Dynamic）。按照路由器所执行的算法，动态路由协议可分为距离矢量（Distance Vector）路由协议和链路状态（Link State）路由协议，其中 RIP 属于距离矢量路由协议，而 OSPF 属于链路状态路由协议。

OSPF 路由协议是一种典型的链路状态路由协议，一般用于同一个路由域内。路由域是指一个自治系统（Autonomous System，AS），它是一组通过统一的路由策略或路由协议互相交换路由信息的网络。OSPF 作为典型的内部网关协议（Interior Gateway Protocol，IGP）路由协议，即运行在一个 AS 内部的路由协议。在 AS 中还可以进一步划分多个区域，位于同一个区域内的所有 OSPF 路由器都维护一个相同的链路数据库，该数据库中存放的是本区域中所有链路的状态信息，OSPF 路由器正是通过这个数据库计算出 OSPF 路由表的。在本实训中我们只讨论单区域的配置。

作为一种链路状态路由协议，OSPF 将链路状态广播数据包（Link State Advertisement，LSA）传送给在某一区域内的所有路由器，这一点与距离矢量路由协议（如 RIP）不同。

OSPF 路由协议是基于 TCP/IP 协议体系开发的，因而提供了不同的网络通过同一种 TCP/IP 协议交换网络信息的途径。OSPF 具有许多的优点：快速收敛、支持变长网络屏蔽码、具有层次化的网络结构、支持路由信息验证等。所有这些特点，保证了 OSPF 路由协议能够被广泛应用到大型的、复杂的网络环境中。OSPF 路由协议的具体配置方法如下：

（1）在路由器全局配置模式下启动 OSPF 路由协议，命令格式如下：

Router(config)#router ospf 100

其中 100 为本地路由器中 OSPF 的进程号，用于标识一台路由器上的多个 OSPF 进程，取值在 1~65535 之间，在不同路由器上可以使用相同的进程号。

（2）在路由配置模式下，用 Network 命令来发布每个路由器的直连网络。命令格式如下：

Router(config-Router)# Network **网络号 反向掩码 area 区域号**

网络号：可以是网段、子网地址或接口的固定 IP 地址，用于指出路由器所要通告的链路。

反向掩码：用于精确匹配通告的网络号，“0”为完全匹配，“1”为忽略。计算方法为用 255.255.255.255 减去子网掩码。如一个网络的子网掩码为 255.255.255.0，则反向掩码为

0.0.0.255。

区域号：用于指明 OSPF 运行的区域，如果为单区域，必须为 0。

2. 实训目的

（1）在继续学习路由器工作原理、应用特点和配置方法的基础上，掌握直连路由、静态路由和动态路由的特点。

（2）结合 RIP 路由协议的配置，对比 OSPF 路由协议的配置方法。

（3）通过对 RIP 和 OSPF 工作原理的对比，掌握距离矢量路由协议和链路状态路由协议的应用特点。

（4）要求掌握动态路由与静态路由之间的区别、RIP 与 OSPF 工作原理上的区别、OSPF 路由协议的配置方法、OSPF 路由协议信息的查看方法。

3. 实训内容

利用 3 台路由器组建一个小型网络，通过配置 OSFP 动态路由器协议达到网络连通的目的。

5.4.2 实训规划

1. 实训设备

（1）路由器（3 台）。

（2）实验用 PC（2 台）。

（3）交叉双绞线（4 根）。

2. 实训拓扑

完成本实训的网络拓扑结构如图 5-11 所示。要求路由器 B 能通过 OSPF 学习到路由器 C 上的网段，并且 PC1 能 ping 通 PC2。各个设备的参数如表 5-3 所示。

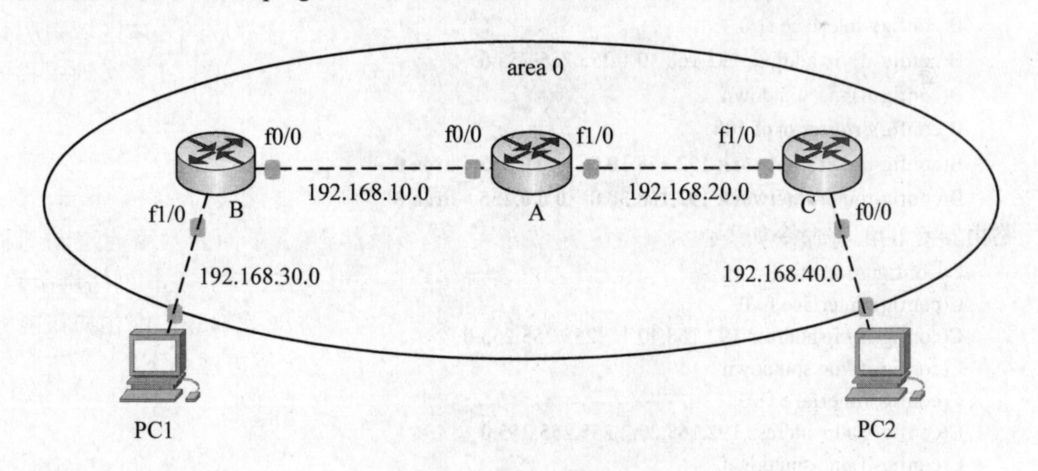

图 5-11　OSPF 实验拓扑图

表 5-3　各路由器接口的 IP 地址分配表

路由器	接口	IP 地址
RouterA	f0/0	192.168.10.1/24
RouterA	f1/0	192.168.20.1/24
RouterB	f0/0	192.168.10.2/24

续表

路由器	接口	IP 地址
RouterB	f1/0	192.168.30.1/24
RouterC	f0/0	192.168.40.1/24
RouterC	f1/0	192.168.20.2/24

5.4.3 实训步骤

1. 路由器 A 的配置命令如下：

A#configure terminal （进入全局配置模式）
A(config)#interface f0/0 （进入 FastEthernet 0/0 的端口配置模式）
A(config-if)#ip address 192.168.10.1 255.255.255.0 （为 FastEthernet 0/0 端口配置 IP 地址）
A(config-if)#no shutdown （开启 FastEthernet 0/0 端口）
A(config)#interface f1/0
A(config-if)#ip address 192.168.20.1 255.255.255.0
A(config-if)#no shutdown
A(config)#**router ospf 100** （启用进程处理号为 100 的 OSPF 路由协议）
A(config-router)#**network 192.168.10.0 0.0.0.255 area 0** （发布参与 OSPF 路由的网段）
A(config-router)#**network 192.168.20.0 0.0.0.255 area 0** （发布参与 OSPF 路由的网段）

路由器 B 的配置命令如下：

B#configure terminal
B(config)#interface f0/0
B(config-if)#ip address 192.168.10.2 255.255.255.0
B(config-if)#no shutdown
B(config)#interface f1/0
B(config-if)#ip address 192.168.30.1 255.255.255.0
B(config-if)#no shutdown
B(config)#**router ospf 100**
B(config-router)#**network 192.168.10.0 0.0.0.255 area 0**
B(config-router)#**network 192.168.30.0 0.0.0.255 area 0**

路由器 C 的配置命令如下：

C#configure terminal
C(config)#interface f0/0
C(config-if)#ip address 192.168.40.1 255.255.255.0
C(config-if)#no shutdown
C(config)#interface f1/0
C(config-if)#ip address 192.168.20.2 255.255.255.0
C(config-if)#no shutdown
C(config)#**router ospf 100**
C(config-router)#**network 192.168.20.0 0.0.0.255 area 0**
C(config-router)#**network 192.168.40.0 0.0.0.255 area 0**

现在我们通过以下两步来验证 OSPF 配置的结果：

（1）首先在路由器 A 上查看路由表，如图 5-12 所示。从路由表中可以看到，路由器 A 已经学习到 192.168.30.0 和 192.168.40.0 两个网段，前面的 O 表示是通过 OSPF 路由协议学习到的，管理距离为 110。

路由器 B 和路由器 C 的路由表留给同学们查看。

```
A#show ip route
Codes: C - connected, S - static, I - IGRP, R - RIP, M - mobile, B - BGP
       D - EIGRP, EX - EIGRP external, O - OSPF, IA - OSPF inter area
       N1 - OSPF NSSA external type 1, N2 - OSPF NSSA external type 2
       E1 - OSPF external type 1, E2 - OSPF external type 2, E - EGP
       i - IS-IS, L1 - IS-IS level-1, L2 - IS-IS level-2, ia - IS-IS inter area
       * - candidate default, U - per-user static route, o - ODR
       P - periodic downloaded static route
Gateway of last resort is not set
C      192.168.10.0/24 is directly connected, FastEthernet0/0
C      192.168.20.0/24 is directly connected, FastEthernet1/0
O      192.168.30.0/24 [110/2] via 192.168.10.2, 00:01:28, FastEthernet0/0
O      192.168.40.0/24 [110/2] via 192.168.20.2, 00:00:15, FastEthernet1/0
```

图 5-12　Router1 上的路由表

（2）在 PC1（IP：192.168.30.2）上运行 ping 命令，看是否能够 ping 通 PC2（IP：192.168.40.2），测试结果如图 5-13 所示。结果证明 PC1 能 ping 通 PC2，OSPF 路由协议配置成功。

```
PC>ping 192.168.40.2

Pinging 192.168.40.2 with 32 bytes of data:

Reply from 192.168.40.2: bytes=32 time=63ms TTL=128
Reply from 192.168.40.2: bytes=32 time=32ms TTL=128
Reply from 192.168.40.2: bytes=32 time=31ms TTL=128
Reply from 192.168.40.2: bytes=32 time=31ms TTL=128

Ping statistics for 192.168.40.2:
    Packets: Sent = 4, Received = 4, Lost = 0 (0% loss),
Approximate round trip times in milli-seconds:
    Minimum = 31ms, Maximum = 63ms, Average = 39ms
```

图 5-13　测试 OSPF 的连通性

5.4.4　实训报告

1．实训概况

实训概况主要包括：实训项目（内容）、实训地点、实训时间、实训环境（硬件与软件）。

2．实训过程

按照实训内容的步骤，做好实训过程的详细记录。

3．实训思考

（1）RIP 路由协议与 OSPF 路由协议有什么区别？

（2）如何配置 OSPF 路由协议？

（3）如何通过查看路由表得知 OSPF 协议是否学习到其他网段？

4．实训心得

简述通过该实训的收获与心得体会。

第6章　Internet应用

Internet也称因特网，它是由分布在全世界各地的数以万计的计算机网络互联而成的计算机信息网络。由于信息技术的快速发展使得Internet上的各种应用也不断增加，逐渐从各方面取代人们传统的获取信息、传送信息的方式。也正因如此，我们必须熟练掌握Internet的基本操作和使用方法。

本章安排了5个实训项目：ADSL接入技术、Web网站的配置与使用、邮件服务器的配置与使用、FTP服务器的配置与使用、Windows Media Service服务器的配置与使用。

通过本章实训，熟悉并掌握ADSL接入技术、Web网站、E-Mail服务器、FTP服务器、Windows Media Service服务器的配置与使用方法。

§6.1　ADSL接入技术

随着Internet的飞速发展，目前几乎各行各业都离不开网络的使用。而使用网络的第一步就是将自己的计算机接入到Internet中。根据用户的要求、条件和所处的地理环境不同，可采用的连接方法也不同。目前多为宽带接入技术，并且可分为有线宽带接入和无线宽带接入两种类型。有线宽带接入技术主要有xDSL技术、Cable Modem技术和以太网接入技术。其中，xDSL和Cable Modem宽带接入是目前用户宽带接入的主要方式，而基于五类线的以太网接入技术在我国的发展势头也非常强劲，它是信息化智能小区和商务大厦主要的接入方式。xDSL主要包括ADSL、VDSL和SHDSL等三种技术。ADSL和VDSL技术都能利用普通电话铜缆，在不影响窄带话音业务(包括普通电话业务和ISDN业务)的情况下，为用户提供高速数据业务，其中ADSL是目前主要的宽带接入技术；VDSL（甚高速数字用户环路）是新一代更高速的DSL技术，它可以在普通双绞线上达到最高52Mb/s的传输速率，具有多种工作模式，包括对称传输和非对称传输以及多种不同的传输速率，因此可满足不同用户的需求；SHDSL是一种利用电话铜缆提供上、下行高速对称数据速率的技术，主要为一些企业提供性价比较高的专线业务。在这三种技术中，由于ADSL作为主流的宽带接入技术获得广泛应用，因此，这里仅以ADSL为例介绍宽带接入技术。

6.1.1　实训概述

1. 实训背景

ADSL 全称为 Asymmetric Digital Subscriber Line，即非对称数字用户线。它是一种在普通电话线上进行数据高速传输的技术，使用了电话线中一直没有被使用过的频率，所以可以突破调制解调器速度的极限。

ADSL 采用 DMT 调制技术，基于 ATM 传送模式，为用户提供上、下行非对称的宽带数据业务。DMT 技术将原先电话线路 0～1.1MHz 频段划分成 256 个频宽为 4.3kHz 的子频带。其中，4kHz 以下频段仍用于传送 POTS（传统电话业务），20kHz～138kHz 的频段用来传送上行信号，138kHz～1.1MHz 的频段用来传送下行信号。DMT 技术可根据线路的情况调整在每个信道上所调制的比特数，以便更充分地利用线路。

ADSL 技术、设备都很成熟，设备价格也在不断降低，且覆盖范围广，理论上其最大传输距离可达 5km。实际使用证明，3km 距离范围内使用，一般能够保证较好的传输性能。

2. 实训目的

（1）熟悉 ADSL 所采用的调制技术和传送模式。

（2）熟悉 ADSL 的工作原理和应用特点。

（3）熟悉 ADSL 所提供的服务业务。

（4）掌握 ADSL 的安装使用方法。

3. 实训内容

（1）安装 ADSL 设备。

（2）在 Windows XP 系统中建立连接。

（3）进行相应设置。

6.1.2　实训规划

1. 实训设备

（1）服务器（1 台）。

（2）测试用 PC（至少 1 台）。

（3）ADSL Modem（1 台）。

（4）ADSL 信号分离器（1 台）。

（5）电话机（1 台）。

（6）两端都有 RJ-45 水晶头的超五类交叉双绞线（1 根）。

（7）两端接好 RJ-45 水晶头的电话线（1 根）

（8）用来连接分离器和 ADSL Modem 的 A 线（1 根），用来连接分离器和电话机的 B 线（1 根）。

2. 实训拓扑

ADSL 的接入和安装非常方便，在接入时从客户端设备和数量来看，可以分为两种情况。

（1）单用户 ADSL Modem 直接连接：由服务商将用户原有的电话线接入 ADSL 局端设备，用户端的电话线路和用户电话号码都保持不变。连接时用电话线将 ADSL 分离器（又称滤波器）一端接于电话机上，另一端接于 ADSL Modem，再用网线将 ADSL Modem 和计算机网卡连接即可（如果使用 USB 接口的 ADSL Modem 则不必用网线），如图 6-1 所示。

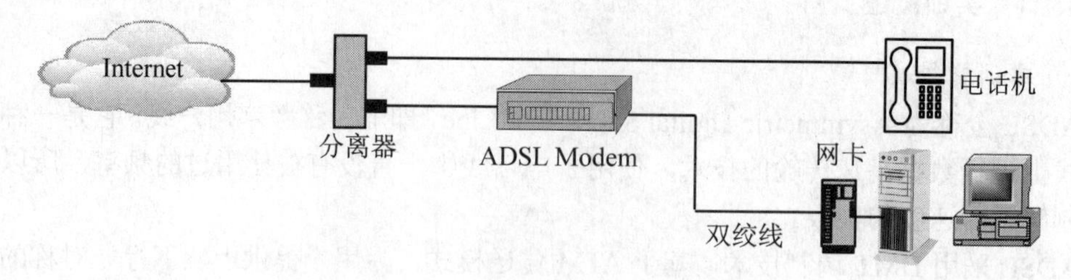

图 6-1 ADSL 的连接示意图

从图 6-1 可以看出，ADSL 的硬件设备主要包括两大部分：信号分离器和 ADSL Modem。信号分离器用于分离数据和语音信号，ADSL Modem 则用于充当计算机与 Internet 接口。

（2）多用户 ADSL Modem 连接：若有多台计算机要接入 Internet，需先用集线器组成局域网，再将 ADSL Modem 与集线器相连，ADSL 分离器的连接与单用户的连接相同。这样多台计算机便同时接入 Internet。

6.1.3 实训步骤

1. 安装 ADSL 设备的具体操作

（1）将电话线从电话机上拔下来，插到 ADSL 分离器上标有 LINE 字样的接口上。

（2）将 A 线一端接到分离器上标有 Modem 字样的接口上，将 B 线的一端接到分离器上标有 PHONE 字样的接口上。

（3）将 A 线的另一端接到 ADSL 调制解调器标有 PHONE 字样的接口上，将 B 线的另一端接到电话上。

（4）将带有水晶头的超五类双绞线一头接到 ADSL 调制解调器标有 LAN 字样的接口上。

（5）将双绞线的另一头接到网卡接口上，完成硬件设备的连接。

2. 在 Windows XP 系统中建立连接

Windows XP 的网络连接向导可以为建立各种网络连接提供帮助，只要按照向导的提示进行操作，便能够很轻松地完成相关设置，具体操作过程如下：

（1）选择“开始”→“所有程序”→“附件”→“通讯”→“新建连接向导”命令，打开“新建连接向导”对话框，单击“下一步”按钮，如图 6-2 所示。

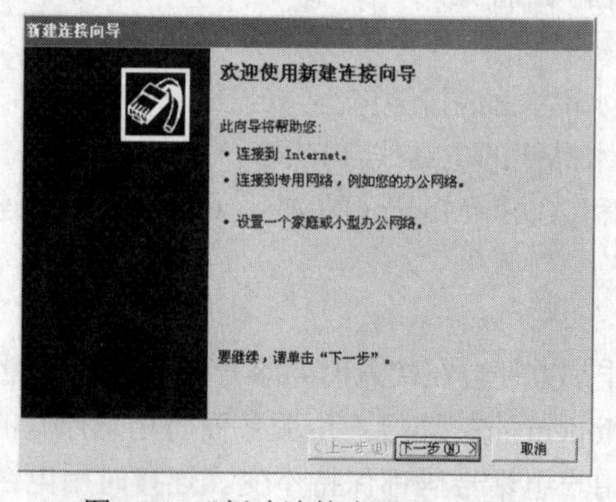

图 6-2 “新建连接向导”对话框

（2）打开选择网络连接类型的对话框，选中“连接到 Internet”单选按钮，单击“下一步”按钮，如图 6-3 所示。

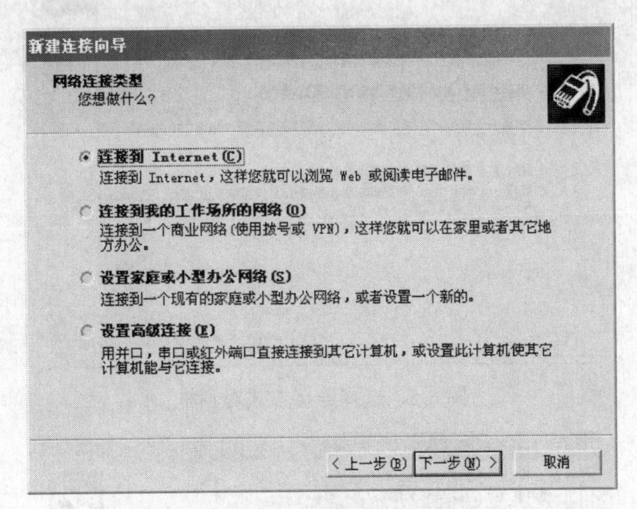

图 6-3　选择网络类型对话框

（3）打开选择 Internet 连接方式的对话框，选中“手动设置我的连接”单选按钮，单击“下一步”按钮，如图 6-4 所示。

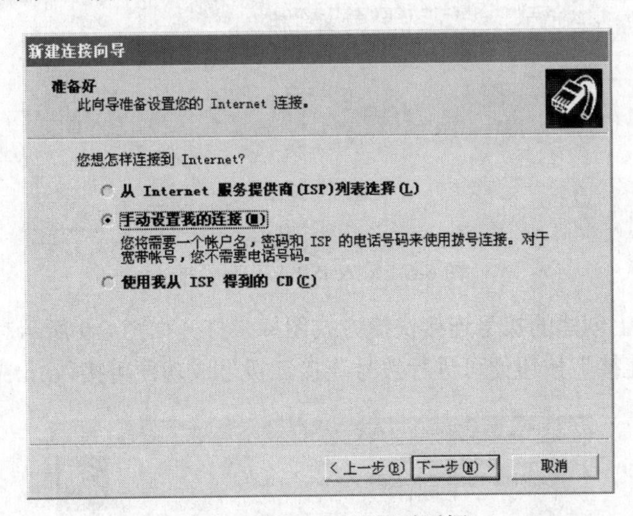

图 6-4　选择手动设置对话框

（4）在打开的对话框中，选中“用要求用户名和密码的宽带连接来连接”单选按钮，单击“下一步”按钮，如图 6-5 所示。

（5）在打开对话框的“ISP 名称”文本框中输入 ISP 的名称，如输入“ADSL 拨号接入”，然后单击“下一步”按钮，如图 6-6 所示。

（6）在打开对话框的“用户名”、“密码”和“确认密码”文本框中分别输入 ISP 提供的用户名和密码，这里输入如图 6-7 所示的内容，单击“下一步”按钮。

（7）在打开的对话框中选中“在我的桌面上添加一个到此连接的快捷方式”复选框，然后单击“完成”按钮，完成该拨号连接的创建操作，如图 6-8 所示。

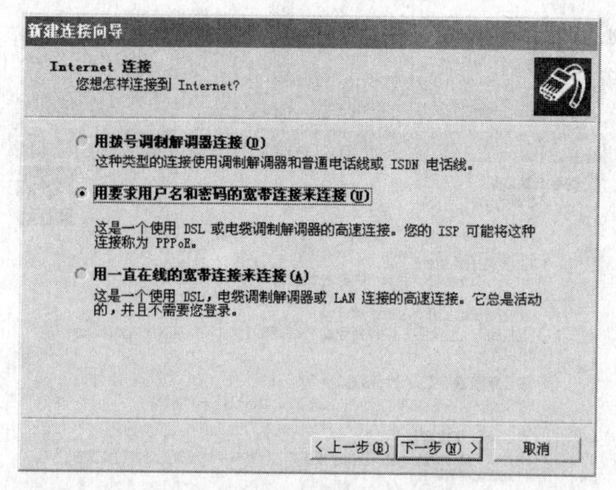

图 6-5 选择连接方式对话框

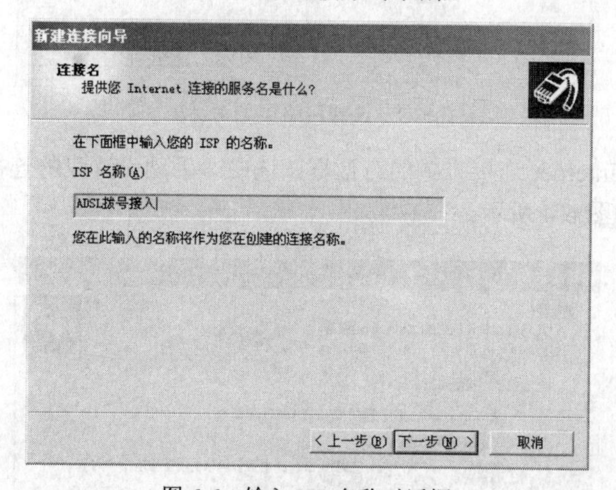

图 6-6 输入 ISP 名称对话框

（8）双击桌面上创建的拨号连接快捷方式图标，打开如图 6-9 所示对话框，输入用户名和密码后，单击“连接”按钮便可进行拨号连接，拨号成功便可接入 Internet 进行网上冲浪。

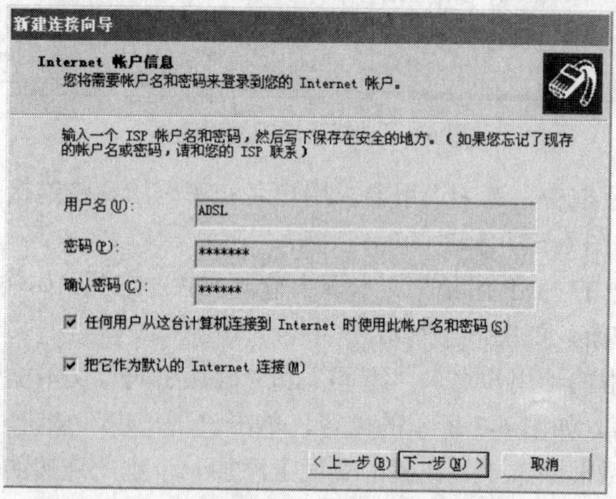

图 6-7 输入用户名和密码对话框

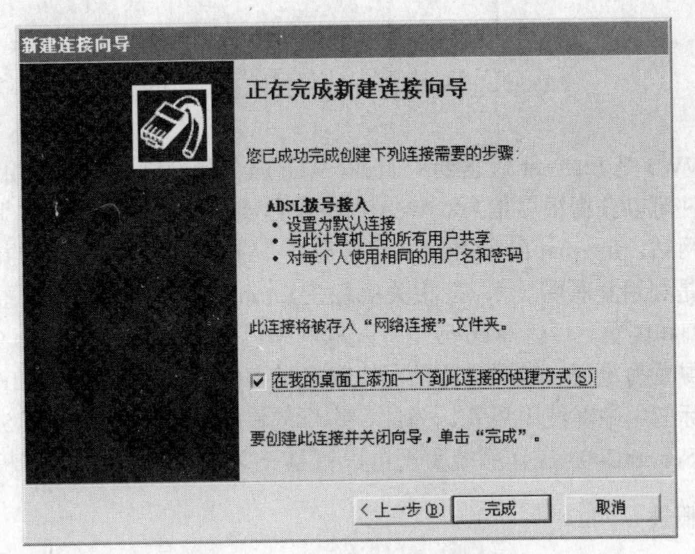

图 6-8　完成创建连接对话框

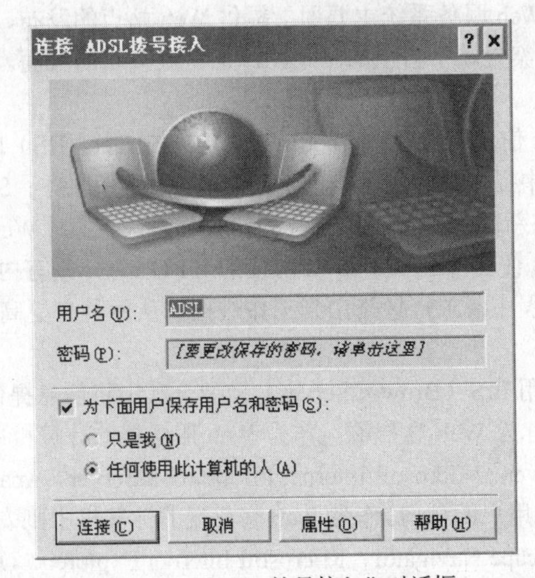

图 6-9　“ADSL 拨号接入”对话框

6.1.4　实训报告

1. 实训概况

实训概况主要包括：实训项目（内容）、实训地点、实训时间、实训环境（硬件与软件）。

2. 实训过程

按照实训内容的步骤，做好实训过程的详细记录。

3. 实训思考

使用 ADSL Modem 将计算机连入 Internet 有何优、缺点？

4. 实训心得

简述通过该实训的收获与心得体会。

§6.2 Web网站的配置与使用

万维网（WWW）是Internet最重要的服务，Web服务是网络用户最常用的应用服务之一，通过浏览主页文件可以获得很多信息。Web服务器是实现信息发布的基本平台，而信息发布需要建立相应的网站，Internet的各类网站都是通过Web服务器软件实现的。

Web网站就是利用互联网技术，把相关信息在Intranet或Internet上通过Web页面发布出去，供访问者查询和浏览。目前Web应用在互联网中已占据着绝对的地位，所以Web站点的创建和管理将显得尤为重要。需要说明的是，Web站点的访问既可以通过IP地址，也可以通过域名，但在实际应用中多使用后者。为此，本章的许多实验将建立在第5章的基础之上，仍然以Windows Server 2003操作系统为平台，将Web发布与DNS进行有机结合。

6.2.1 实训概述

有一个属于自己的个人网站是很多人向往的事情，Windows Server 2003的Web服务能帮助我们实现这个愿望。Web服务系统主要用于提供Web站点的发布、使用和管理等功能，我们可以通过Web服务来架设属于自己的网站，添加自己喜欢的页面。

1. 实训背景

Web服务是Internet信息服务（Internet Information Server，IIS）的功能之一。IIS是微软公司在服务器操作系统中提供的、用于构建Web服务、FTP服务、SMTP（简单邮件传输协议）服务、NNTP（网络新闻传输协议）服务的一整套解决方案。Windows Server 2003集成了IIS服务组件，IIS 6.0使用基于Windows内核的HTTP.sys，具有内置的响应请求缓存和队列功能，并能够将应用程序请求直接路由到工作进程，从而具有更高的安全性和更好的运行性能。

Web服务的实现采用B/S（Browse/Server）模型，其中将信息提供者称为Web服务器，信息的需要者或获取者称为Web客户端。作为Web服务器的计算机中安装有Web程序（如Netscapei Planet Web Server、Microsoft Internet Information Server、Apache等），并且保存有大量的公用信息，随时等待用户的访问。作为Web客户端的计算机中则安装有Web客户端程序，即Web浏览器，如Netscape Navigator、Microsoft Internet Explorer、Opera等，可通过网络从Web服务器中浏览或获取所需要的信息。

完成本项实训需要掌握超文本、HTML文档、URL、HTTP的概念。

2. 实训目的

（1）熟悉Web应用的工作原理。

（2）熟悉HTTP和HTML协议的工作原理和应用特点。

（3）掌握Windows Server 2003中IIS组件的安装方法。

（4）掌握Windows Server 2003中IIS服务的基本配置方法。

（5）掌握IIS的基本测试方法。

3. 实训内容

（1）安装、配置和管理Web服务。

（2）Web网站的配置。

（3）多个站点的实现。

6.2.2 实训规划

1. 实训设备

（1）服务器（1 台）。

（2）测试用 PC（至少 1 台）。

（3）交换机或集线器（1 台）。

（4）直连双绞线（视连接计算机而定）。

2. 实训拓扑

为了使 Web 服务与 DNS 服务有机结合，并尽可能地利用现有计算机资源。在本实训中，可以将 Web 服务器和 DNS 服务器安装在同一台计算机上。所以，Web 服务器的计算机名为 Server，IP 地址为 192.168.1.2。为便于测试，至少需要一台 PC，当服务器 Server 上安装 IIS 以后，可通过 PC 上的 IE 浏览器进行测试。网络拓扑如图 6-10 所示。

图 6-10 Web 服务器实训拓扑图

6.2.3 实训步骤

1. IIS 的安装

在 Windows Server 2003 中安装 IIS 的方法很多。Web 服务集成于 IIS 管理器中，默认安装的 Windows Server 2003 并没有配置 IIS 服务，需另外安装。安装 IIS 的具体操作步骤如下：

（1）选择“开始”→“控制面板”→“添加或删除程序”→“添加/删除 Windows 组件”，进入“Windows 组件向导”窗口，勾选“应用程序服务器”→“Internet 信息服务”，单击“确定”按钮进行安装。如图 6-11 所示。

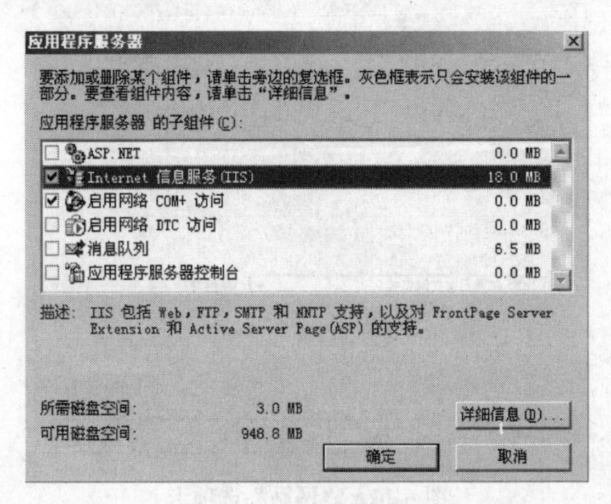

图 6-11 添加程序界面

（2）安装完毕后，可通过“开始”→“管理工具”→“IIS”，打开 IIS 的管理界面，如图 6-12 所示。

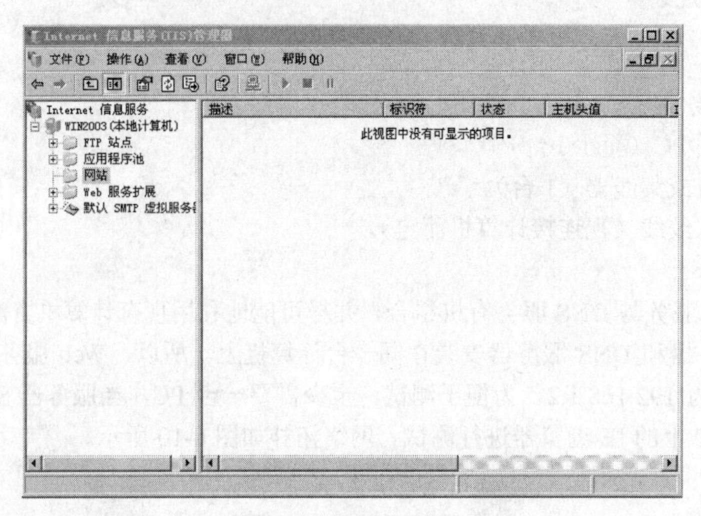

图 6-12　IIS 管理界面

2. Web 网站的配置与管理

IIS 管理器安装完毕后，将它设置成符合需要的 Web 服务运行环境，具体操作步骤如下：

（1）指派 IP 地址。

1）在图 6-12 中的“默认网站”上右击，选择“属性”，进入“默认网站属性”选项卡，在“描述”文本框中为本 Web 站点填写简要说明。

2）在“IP 地址”中选择绑定到本 Web 站点的 IP 地址，如果本计算机配置了多个 IP 地址，需要在 IP 地址框中明确指定。

3）在“TCP 端口”中设置 Web 服务所使用的端口号，一般默认为“80”端口。设置完毕后如图 6-13 所示。

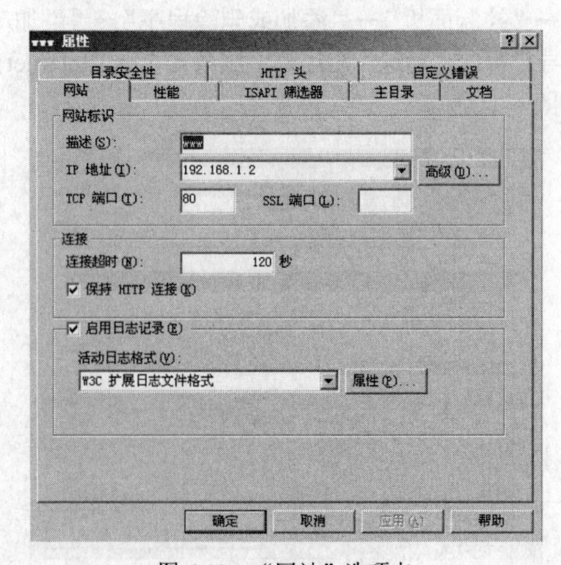

图 6-13　“网站”选项卡

（2）站点主目录的设置：进入“主目录”选项卡，指定保存有该 Web 站点首页内容的根目录路径。IIS 默认主目录路径为 C:\Inetpub\wwwroot，如图 6-14 所示。

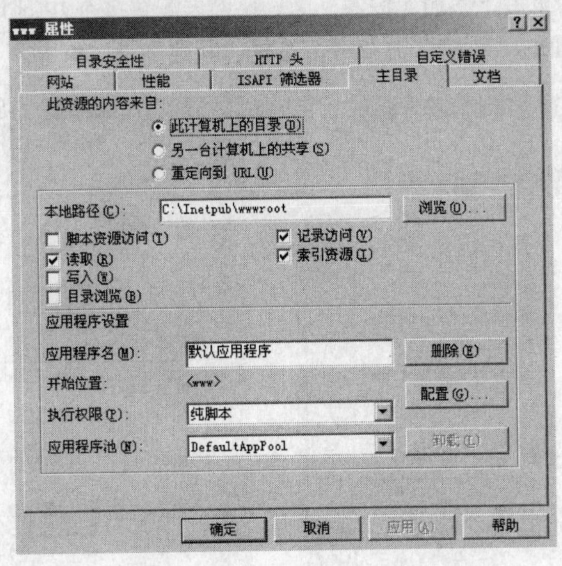

图 6-14　“主目录”选项卡

（3）站点默认文档的设置：在“文档”选项卡中设置 IIS 启动时所显示的首页文档。文档显示是有顺序的，位于顶部的文档优先被显示，顺序可以通过“上移”或“下移”来调整，如图 6-15 所示。

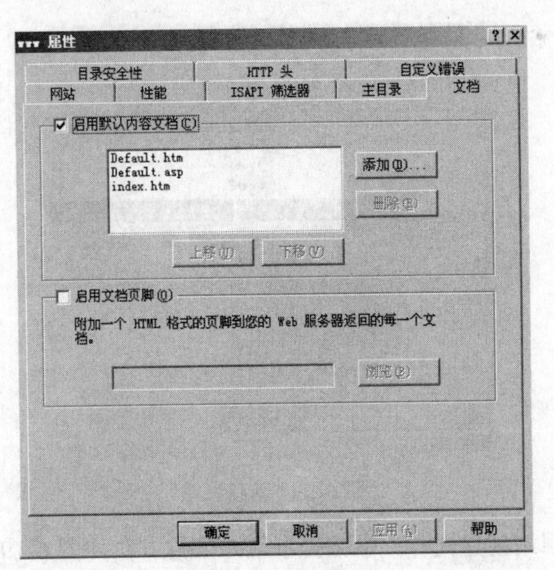

图 6-15　文档选项卡

3. 多个网站的架设

在实际应用中，经常会遇到需要在一台服务器上架设多个 Web 站点的情况。一机多个站点的架设方法一般有 3 种。

（1）基于多个 IP 地址的 Web 站点架设：即每个 IP 地址对应一个网站，每个网站都可以使用相同的默认 80 端口，缺点是需要占用多个 IP 地址。具体操作步骤如下：

1）打开如图 6-16 所示的网络属性界面，单击“高级”按钮，在“高级 TCP/IP 设置”界面的“IP 地址”配置框中单击“添加”按钮，为一块网卡配置多个 IP 地址，如图 6-17 所示。

2）在 IIS 管理界面的“网站”上右击，选择“新建”→“网站”命令，如图 6-18 所示。

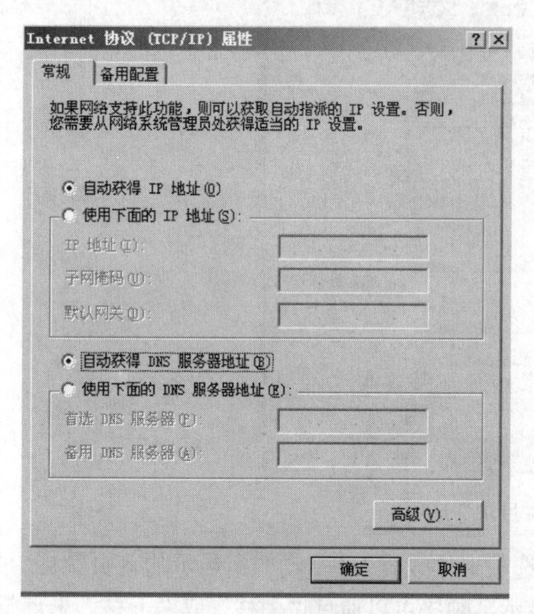

图 6-16 网络属性界面

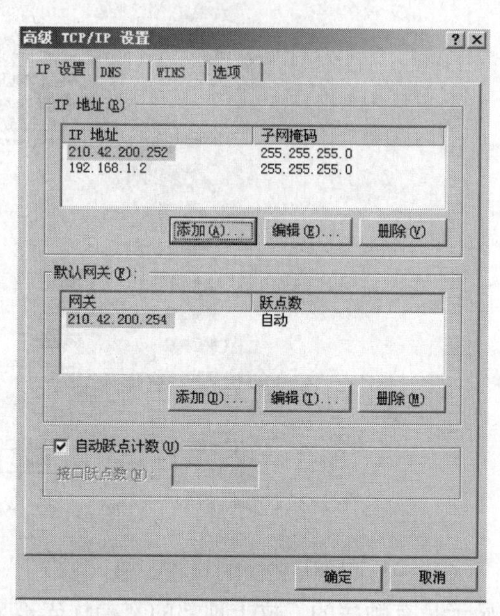

图 6-17 高级网络属性界面

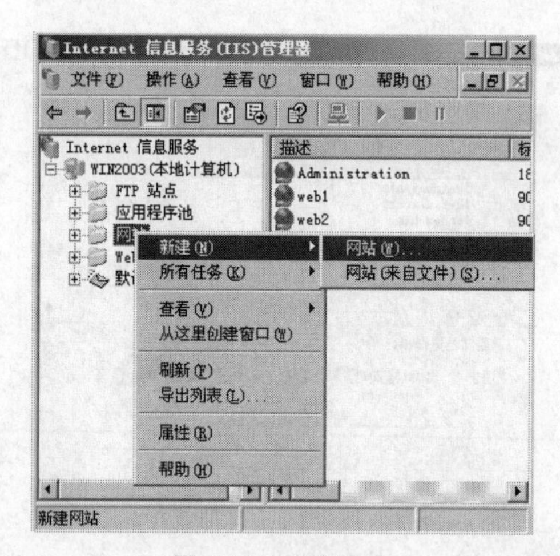

图 6-18 新建网站

3）在接下来的“网站创建向导”中按提示输入信息。在如图 6-19 所示的“网站 IP 地址”下拉列表中为不同的 Web 站点设置对应的 IP 地址，一个网站对应一个 IP。单击“下一步”按钮依次设置 Web 站点的目录和权限后完成新建网站。

4）为每个站点设置不同的 IP 地址后，在 IE 浏览器中输入格式为“http://IP”即可访问。

（2）基于同一个 IP 地址的 Web 站点架设：即使用一个 IP 地址，但每个站点使用不同的端口号。具体操作步骤如下：

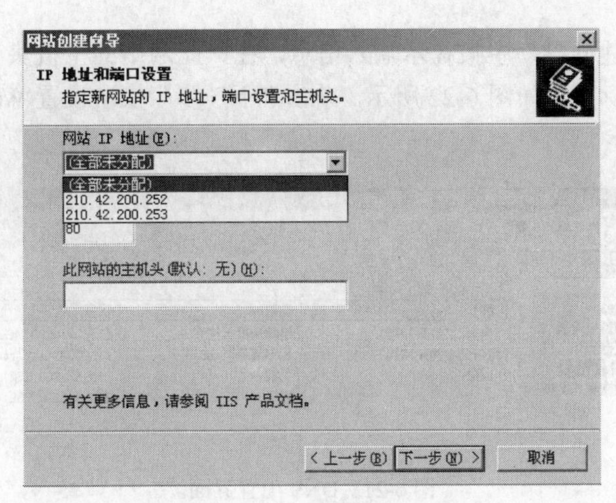

图 6-19 指定网站对应的 IP 地址

1）在 IIS 管理界面的“网站”上右击，选择“新建”→“网站”命令，如图 6-18 所示。

2）在接下来的“网站创建向导”中按提示输入信息，在“网站 TCP 端口”中为不同 Web 站点设置不同的端口号。为了避免与系统服务使用的端口发生冲突，一般要求大于 1023（1023 以下为系统服务使用的端口）。单击“下一步”依次设置 Web 站点的目录和权限后完成新建网站。

3）为每个站点设置好不同端口号后，在 IE 浏览器中输入格式为：“http://IP :端口号”即可访问，如图 6-20 所示。

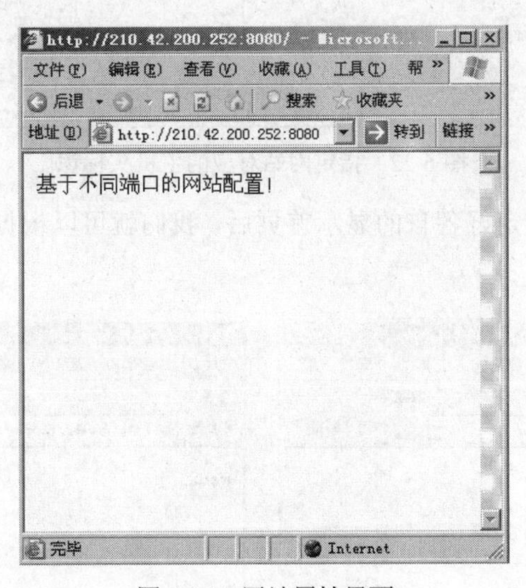

图 6-20 网站属性界面

（3）基于不同主机头的 Web 站点架设：即用不同的主机头来作为区分 Web 站点的标识，优点是每个站点可以使用相同的 IP 地址和默认端口。但是，每个使用的主机头标识必须已经先在 DNS 服务中注册。具体操作步骤如下：

1）在 DNS 配置页面中为主机头标识注册。比如本文中使用了以下两个主机头：Web1.fs.com 和 Web2.fs.com，如图 6-21 所示。

2）在 IIS 管理界面的“网站”上右击，选择“新建”→“网站”命令，如图 6-18 所示。

在接下来的“网站创建向导”中按提示输入信息，在“此网站的主机头”中为不同的Web站点设置不同的主机头标识，如图6-22所示。单击“下一步”依次设置Web站点的目录和权限后完成新建网站。

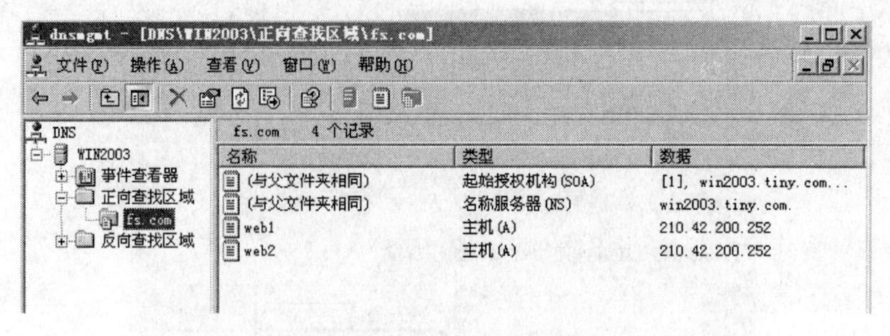

图6-21 DNS配置界面

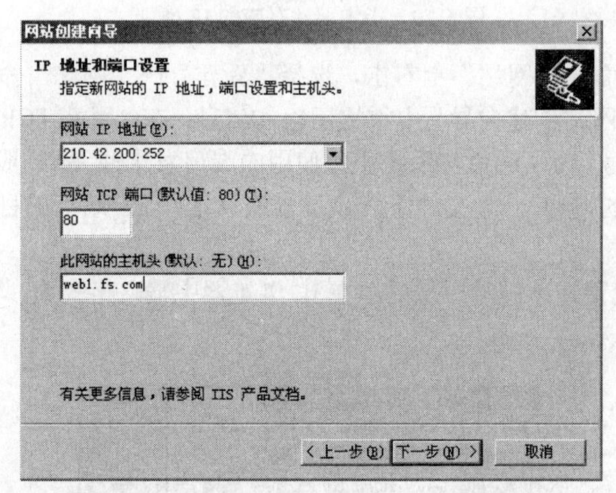

图6-22 指定网站对应的主机头标识

3）分别为每个站点指定好各自的显示首页后，我们就可以根据主机头标识来访问不同站点了，如图6-23所示。

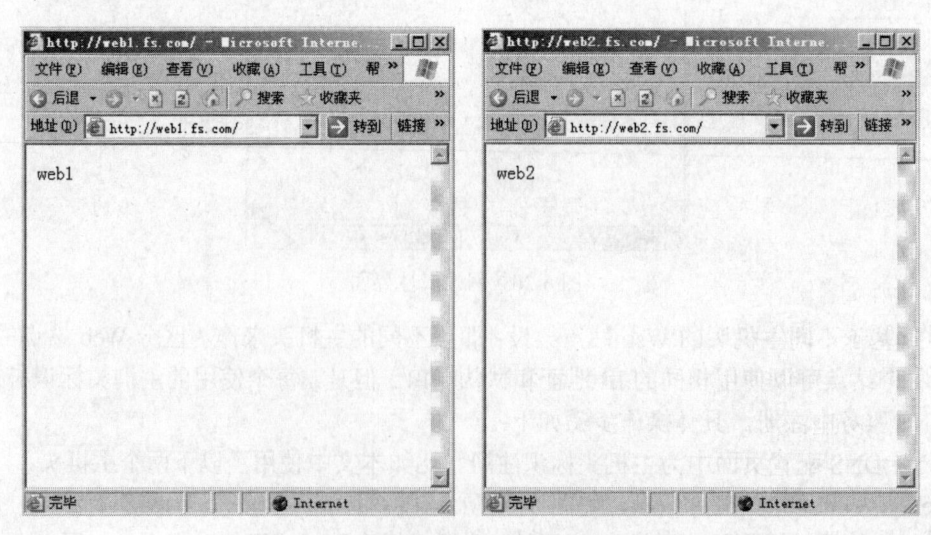

图6-23 基于不同主机头访问的网站页面

6.2.4　实训报告

1．实训概况

实训概况主要包括：实训项目（内容）、实训地点、实训时间、实训环境（硬件与软件）。

2．实训过程

按照实训内容的步骤，做好实训过程的详细记录。

3．实训思考

（1）架设一机多站点的意义是什么？

（2）如何架设基于多个 IP 地址的 Web 站点？

（3）如何架设基于同一个 IP 地址的 Web 站点？

（4）如何架设基于不同主机的 Web 站点？

4．实训心得

简述通过该实训的收获与心得体会。

§6.3　邮件服务器的配置与使用

E-mail 服务是目前 Internet 中应用最为广泛的一项服务，而在局域网中也有重要的应用。在局域网中构建一个内部的 E-mail 服务器，可以大大加快内部公文的快速传送，降低通信费用。本节主要介绍如何利用 Windows Server 2003 来构建内部 E-mail 服务器。完成本次实训需要掌握 POP3 协议、SMTP 协议的概念。

6.3.1　实训概述

1．实训背景

通常情况下，一封电子邮件的发送需要经过用户代理、传输代理和投递代理这 3 个程序。当用户发送一封电子邮件后，他并不能直接将信件发送到对方邮件地址指定的服务器上，而是首先试图去寻找一个信件传输代理，把邮件提交给它；信件传输代理得到了邮件后，首先将它保存在自身的缓冲队列中，然后根据邮件的目标地址，通过信件传输代理程序查询到负责这个目标地址的邮件传输代理服务器，最后代理服务器通过网络将邮件传送到对方的服务器。服务器接收到邮件之后，将其缓冲存储在本地，直到电子邮件的接收者查看自己的电子信箱。常见的用户代理邮件客户端程序有 Foxmail、Outlook Express 等。

2．实训目的

通过该项实训，学生应掌握邮件服务器的安装、POP3 服务器中的主要参数配置、掌握运用 Outlook 邮件客户端收发电子邮件。

3．实训内容

（1）安装、配置邮件服务。

（2）配置 Outlook 邮件客户端收发电子邮件。

6.3.2　实训规划

1．实训设备

（1）服务器（1 台）。

（2）测试用 PC（至少1台）。

（3）交换机或集线器（1 台）。

（4）直连双绞线（视连接计算机而定）。

2. 实训拓扑

邮件服务器实训的拓扑结构如图 6-24 所示。

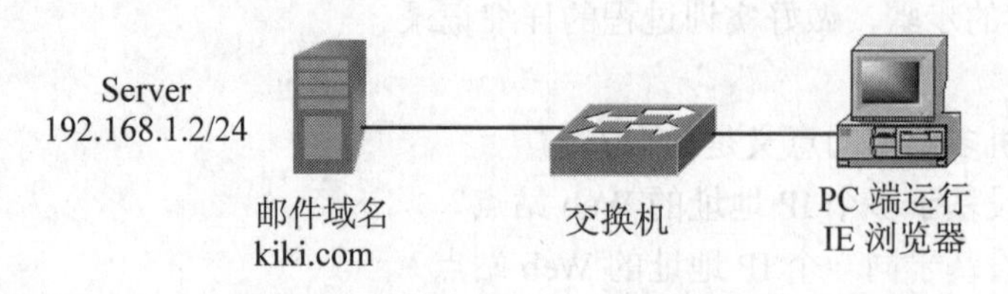

图 6-24 邮件服务器实训拓扑图

3. 实验目的

（1）掌握电子邮件系统的工作原理。

（2）掌握 Windows Server 2003 内置邮件服务器的配置与使用方法。

（3）掌握客户端收发邮件的方法。

6.3.3 实训步骤

1. E-mail 邮件服务器的安装

Windows Server 2003 邮件服务器是捆绑在 IIS 服务中的，默认并没有安装，具体安装步骤如下：

（1）打开“控制面板”→“添加/删除程序”→“电子邮件服务器”，如图 6-25 所示。

（2）单击“详细信息”按钮，勾选“POP3 服务”和“SMTP 服务”。安装完成后，会在 IIS 管理界面中增加“默认 SMTP 虚拟服务器”，如图 6-26 所示。

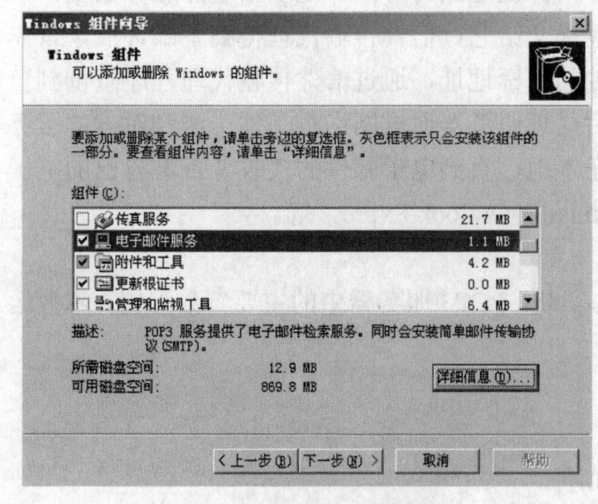

图 6-25 安装邮件服务器

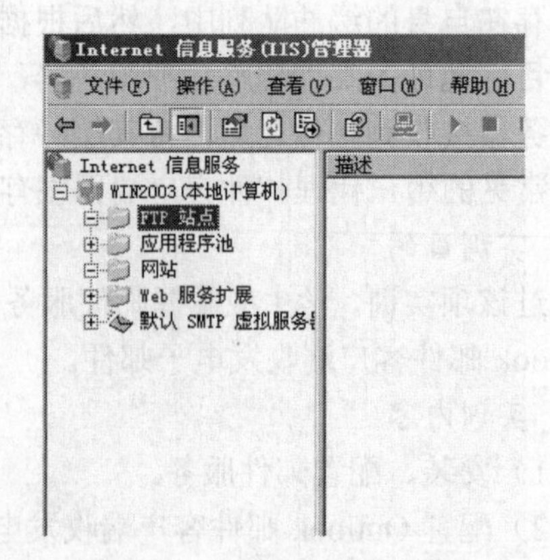

图 6-26 邮件服务器配置界面

2. 配置 Windows Server 2003 邮件服务器

配置 Windows Server 2003 邮件服务器主要是配置 POP3 服务，配置 POP3 服务器分为客户端无安全身份验证和客户端有安全身份验证两种情况。两种情况的区别在于收发电子邮件时客户端的用户名和密码是否以明文传输还是以加密形式传输。我们先介绍配置一个无安全身份验证的邮件服务器，具体操作步骤如下：

（1）创建域。

1）依次单击“开始”→“管理工具”→“POP3 服务”，打开 POP3 服务配置窗口，如图 6-27 所示。

2）单击“新域”，为邮件服务器创建一个 Email 域，也就是我们通常使用邮箱时@后面的那一串字符。这里我们创建一个名为“kiki.com”的 Email 域，如图 6-28 所示。

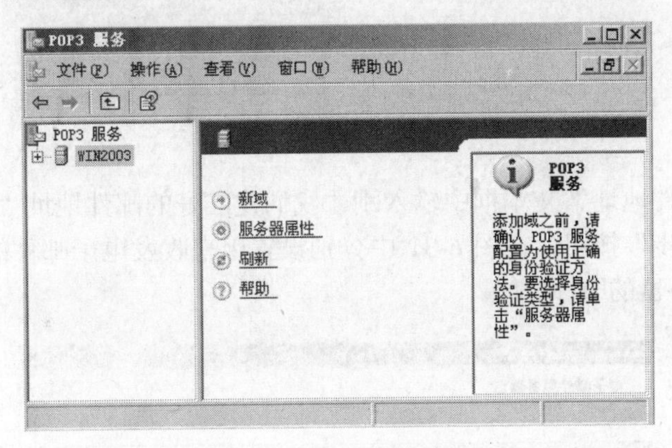

图 6-27　POP3 服务窗口

（2）建立用户电子邮箱。

1）在图 6-28 中单击“添加邮箱”命令，为 kiki.com 邮件域添加一个邮箱账户 yy，并设置密码，如图 6-29 所示。

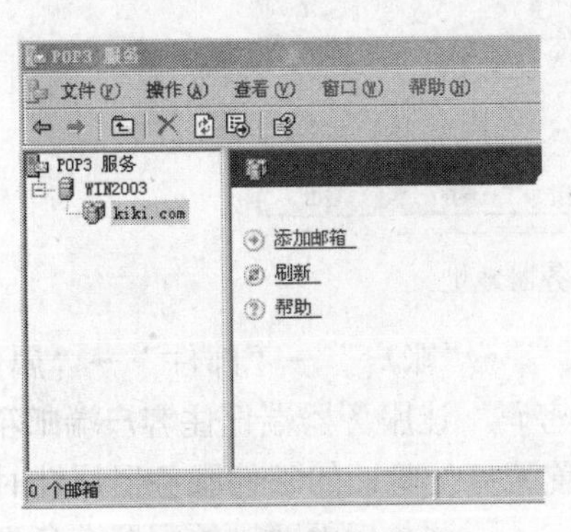

图 6-28　新建域

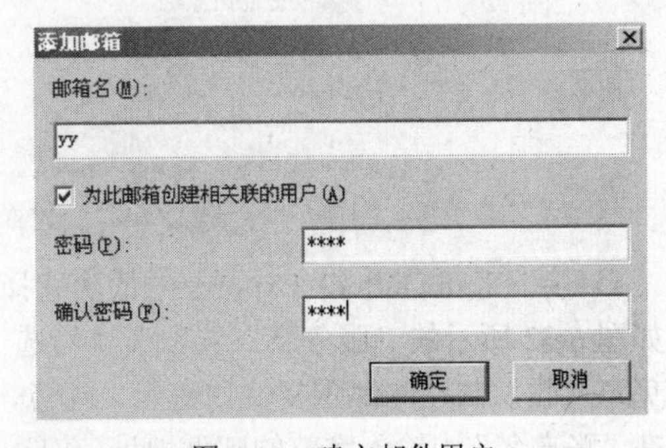

图 6-29　建立邮件用户

2）勾选“为此邮箱创建相关联的用户”，将在建立邮箱账户的同时也会在 Active Directory 数据库或 SAM 数据库文件中建立与之同名的系统用户账户。单击“确定”按钮，POP3 邮件服务器配置完毕。

（3）配置邮件客户端：目前用于收发邮件的客户端软件很多，这里我们以 Windows XP 内置的 Outlook 为例来进行说明。具体操作步骤如下：

1）在“开始”菜单→“程序”中打开 Outlook Express，依次选择“工具”→“账户”→“添加”→“邮件”，打开“Internet 连接向导”，如图 6-30 所示。

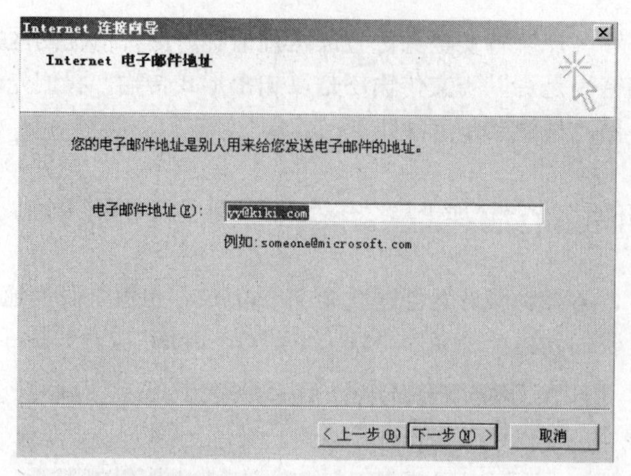

图 6-30　建立邮件地址

2）在“电子邮件地址”文本框中输入刚才我们建立好的邮件地址“yy@kiki.com”。

3）单击“下一步”按钮，在图 6-31 中分别设置用来收发电子邮件的 POP3 和 SMTP 服务器地址（邮件服务器的 IP 地址）。

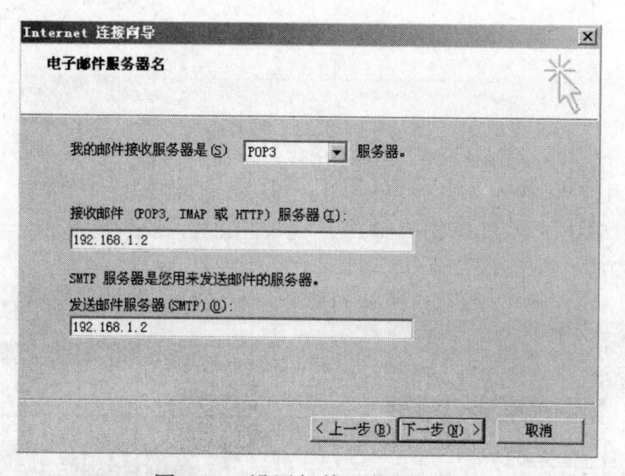

图 6-31　设置邮件服务器地址

4）接下来在 Outlook Express 中依次选择“工具”→“账户”→“邮件”→“属性”，打开如图 6-32 所示的“服务器”选项卡。勾选“记住密码”让服务器端记住客户端邮箱密码，避免每次收发邮件时都重复输入密码。注意，在配置无身份验证的邮件服务器属性时，一定要在“账户名”中输入完整的邮件地址，如 yy@kiki.com。这与后面要讲的配置有身份验证的不同，具体我们会在稍后的内容中讲到。现在我们可以利用 Outlook 来收发电子邮件了。测试结果如图 6-33 所示。

3. 配置有安全身份验证的邮件服务器

配置有安全身份验证的邮件服务器具体操作与配置无安全身份验证的邮件服务器操作基本相似。也分为建立域、建立用户邮件和配置邮件客户端。在此我们只介绍两种配置方法的不同之处，具体操作步骤如下：

（1）创建域时的不同。

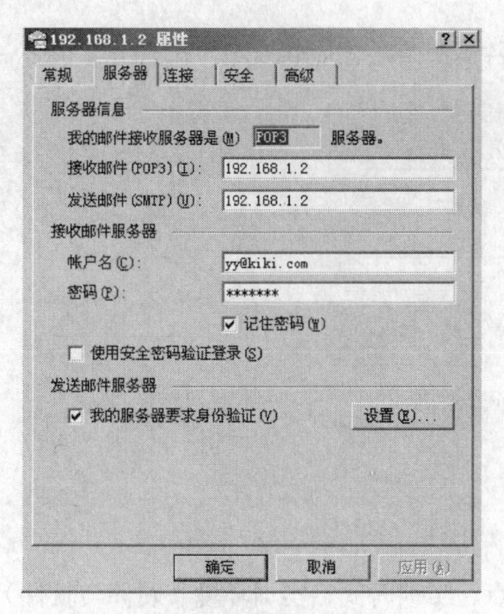

图 6-32 设置邮件服务器属性

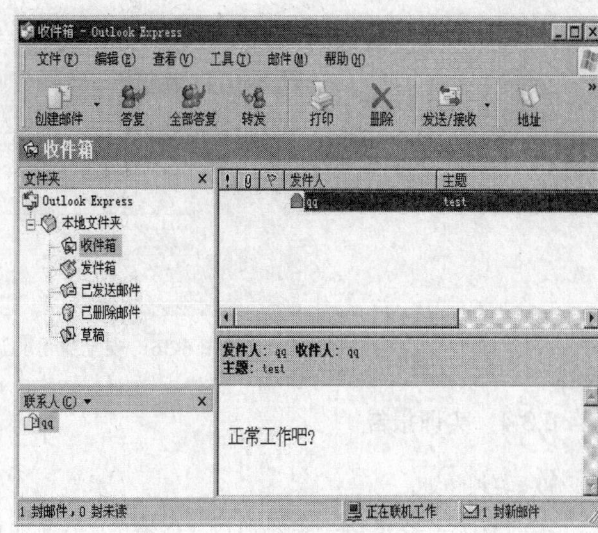

图 6-33 Outlook 收发电子邮件

1）在如图 6-26 所示的“IIS 管理界面中”，右击“SMTP 虚拟服务器”名称选择“属性”，如图 6-34 所示。

2）一定要勾选“对所有客户端连接要求安全密码身份验证（SPA）”选项。选中该项后，系统会提示重启 POP3 服务。

（2）配置邮件客户端时的不同。

1）在 Outlook Express 中依次选择“工具”→“账户”→“邮件”→“属性”，打开“服务器”选项卡，勾选“使用安全密码验证登录”，如图 6-35 所示。

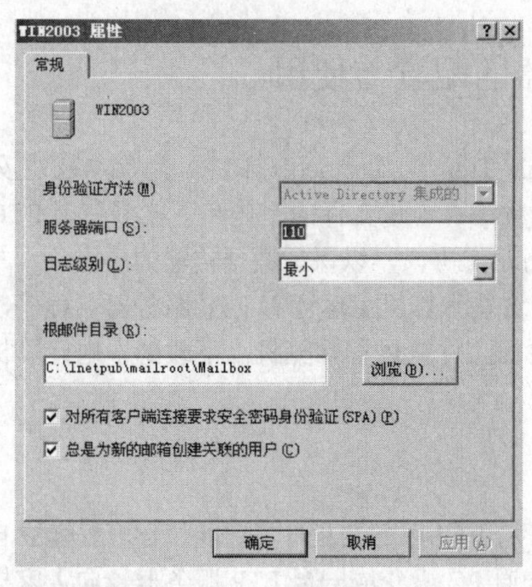

图 6-34 配置 POP3 服务安全验证

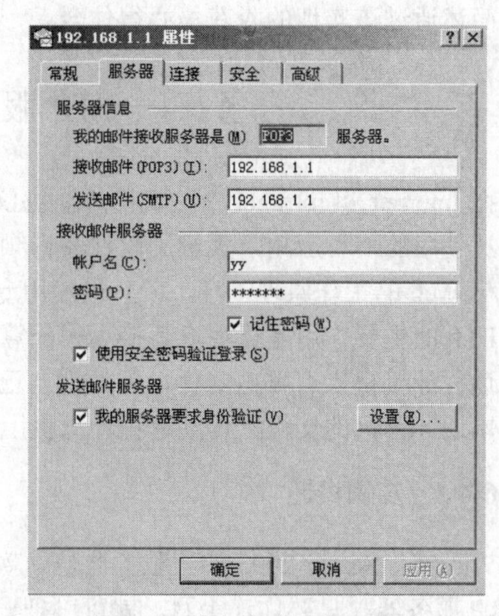

图 6-35 设置邮件服务器属性

2）在“账户名”中输入用户名称，而不是完整的邮件地址，如 yy。注意区别前面所讲的无身份验证时的输入格式。

3）由于使用了安全身份验证来收发电子邮件，所以在登录 Outlook Express 后会提示一个安全登录对话框，如图 6-36 所示。输入正确的用户名和密码后才能收发电子邮件。

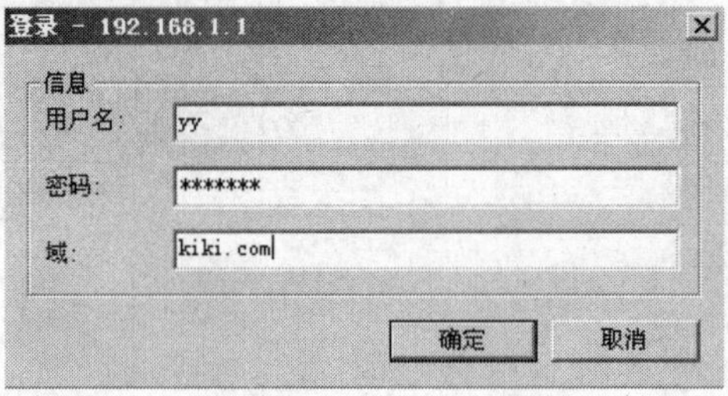

图 6-36　安全身份验证登录框

6.3.4　实训报告

1. 实训概况

实训概况主要包括：实训项目（内容）、实训地点、实训时间、实训环境（硬件与软件）。

2. 实训过程

按照实训内容的步骤，做好实训过程的详细记录。

3. 实训思考

（1）如何配置无安全身份验证的邮件客户端？

（2）如何配置有安全身份验证的邮件客户端？

（3）POP3 和 SMTP 分别是什么协议，有什么作用？

（4）如何用 Outlook 来收发电子邮件？

4. 实训心得

简述通过该实训的收获与心得体会。

§ 6.4　FTP 服务器的配置与使用

在 Internet 和 Intranet 中，文件传输协议（File Transfer Protocol，FTP）是除 Web 之外最为广泛使用的一种应用，大量的软件及音频、视频等大容量文件的上传和下载多使用 FTP 方式。与 Web 的工作原理一样，FTP 也使用专用的通信协议，以保证数据传输的质量。

FTP 的主要作用是让用户连接远程计算机，这些计算机上运行着 FTP 服务器端程序，并查看远程计算机上有哪些文件，然后把自己需要的文件从远程计算机上下载到本地计算机，或把本地计算机的文件上传到远程计算机上。

6.4.1　实训概述

Windows Server 2003 FTP 服务器是一款很好的 FTP 服务器程序，它能让你轻松建立自己的 FTP 服务器。只要你连上网，就可以把一台普通 PC 机变成一台 FTP 服务器，向大家提供属于自己的 FTP 服务。完成本项实训需要掌握 FTP 协议和 FTP 客户软件的使用。通过本实验，在了解 FTP 工作原理和 IIS 操作特点的基础上，以 Windows Server 2003 操作系统为服务平台，掌握在 IIS 中创建和管理 FTP 站点的具体方法。作为目前广泛应用的一种网络服务，通过本实验的操作，使读者能够熟悉 FTP 客户端的使用方法。

1. 实训背景

要使用 FTP 在两台计算机之间传输文件，两台计算机必须各自扮演不同的角色，其中一台为 FTP 客户端，而另一台为 FTP 服务器。客户端与服务器之间的区别在于计算机上所运行的软件不同，安装 FTP 服务端软件的计算机称为 FTP 服务器，安装 FTP 客户端软件（如 Cute FTP、IE）的计算机则为客户端。FTP 客户端向服务器发出下载和上传文件以及创建和更改服务器文件的命令，而这些操作的运行全部在服务器端运行。下面以实训拓扑图为例，简要介绍 FTP 通信的建立及工作过程。

因为 FTP 服务建立在可靠的 TCP 协议之上，所以必须经过 3 次握手才能建立相互之间的连接。为了建立一个 TCP 连接，FTP 客户端和服务器必须打开一个 TCP 端口。FTP 服务器有两个预分配的端口，分别为 21 和 20。其中：端口 21 用于发送和接收 FTP 的控制信息。FTP 服务器通过侦听这个端口，以侦听请求连接到服务器的 FTP 客户。一个 FTP 会话建立后，端口 21 的连接在会话期间将始终保持打开状态；端口 20 用于发送和接收 FTP 数据（ASCII 或二进制文件），该数据端口只在传输数据时打开，并在传输结束时关闭。

在 Windows Server 2003 上安装 FTP 服务时，系统会自动创建一个“默认 FTP 站点”，既可直接利用它作为 FTP 站点，也可以另创建新的 FTP 站点。

2. 实训目的

（1）熟悉 FTP 的工作原理。

（2）了解 FTP 的应用特点。

（3）掌握 IIS 中 FTP 服务器的安装和配置方法。

3. 实训内容

（1）FTP 服务器的安装。

（2）FTP 服务器的配置。

6.4.2　实训规划

1. 实训设备

（1）运行 Windows Server 2003 的服务器（1 台）。

（2）测试用 PC（至少 1 台）。

（3）交换机（1 台）。

（4）直连双绞线（视连接计算机而定）。

2. 实训拓扑

FTP 服务器实训拓扑结构如图 6-37 所示。

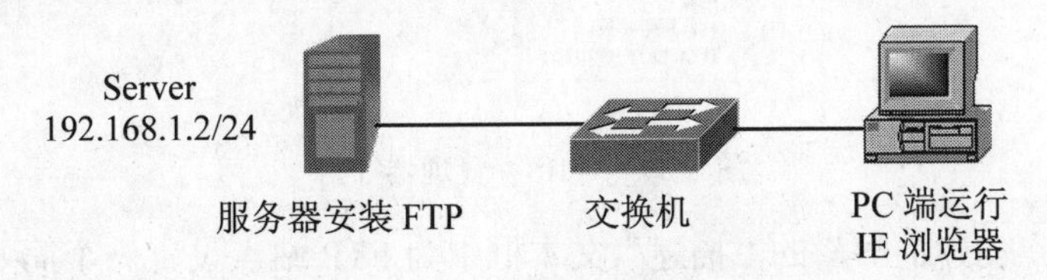

图 6-37　FTP 服务器实训拓扑图

6.4.3 实训步骤

1. FTP服务器的安装

FTP 服务器捆绑在 IIS 服务中，Windows Server 2003 默认并没有安装。具体安装步骤如下：

（1）打开“控制面板”→“添加/删除程序”→“应用程序服务器”→“Internet 信息服务（IIS）”界面。

（2）勾选“文件传输协议（FTP）服务”选项进行安装，如图 6-38 所示。

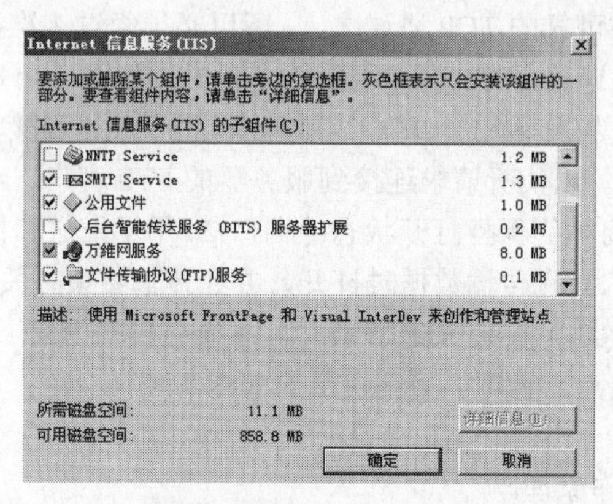

图 6-38 安装 FTP 服务

2. FTP服务器的配置

FTP 服务器可分为“不隔离用户”和“隔离用户”两种配置模式。为了防止普通用户通过匿名账号访问 FTP 站点，我们在架设 FTP 站点时肯定要限制匿名用户的访问权限，只让拥有特定权限的用户才能访问 FTP 站点的内容。为此，在架设 FTP 站点之前，我们先在 Windows Server 2003 服务器中为 FTP 站点创建 FTP 用户访问账号。如 kiki 和 yiyi。

（1）“不隔离用户”模式的 FTP 配置。

1）通过“开始”菜单→“管理工具”→“IIS”，打开 IIS 管理控制台，如图 6-39 所示。在“FTP 站点”上右击，选择“新建”→“FTP 站点”命令。

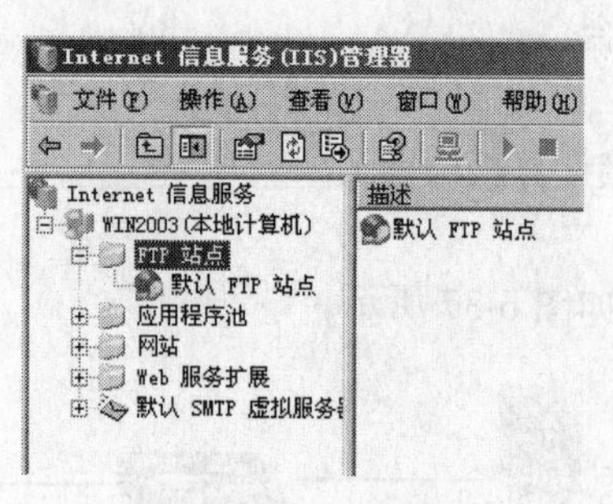

图 6-39 （IIS）管理器

2）在“FTP 站点创建向导”的“描述”文本框中为 FTP 站点设置一个简要的说明，如图 6-40 所示。

3）单击“下一步”按钮，设置 FTP 站点使用的 IP 地址和端口号，端口号一般默认即可，如图 6-41 所示。

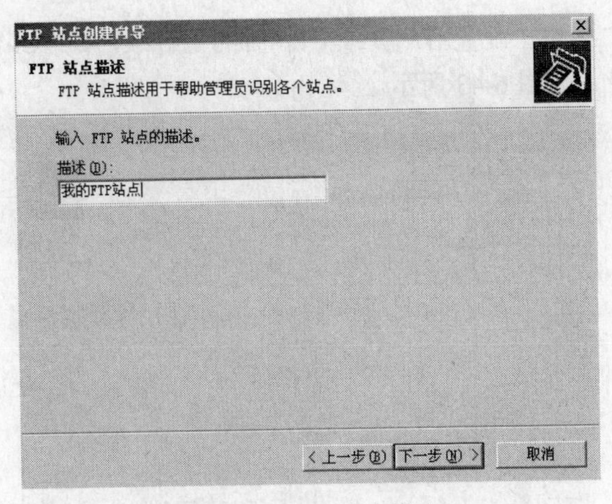

图 6-40　FTP 站点描述

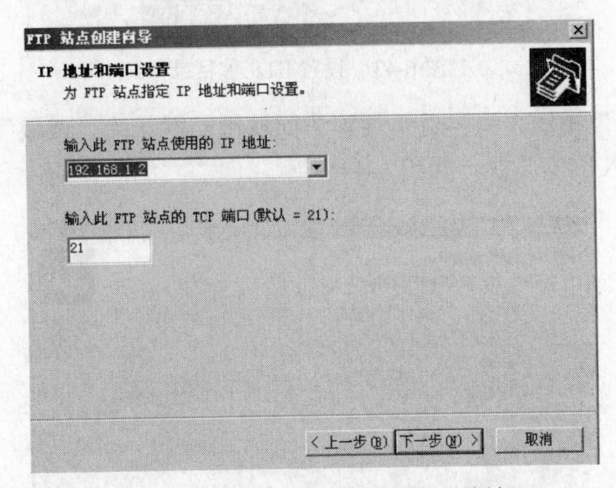

图 6-41　为 FPT 服务器设置 IP 地址

4）单击“下一步”按钮，在“FTP 用户隔离”对话框中选择“不隔离用户”模式，如图 6-42 所示。

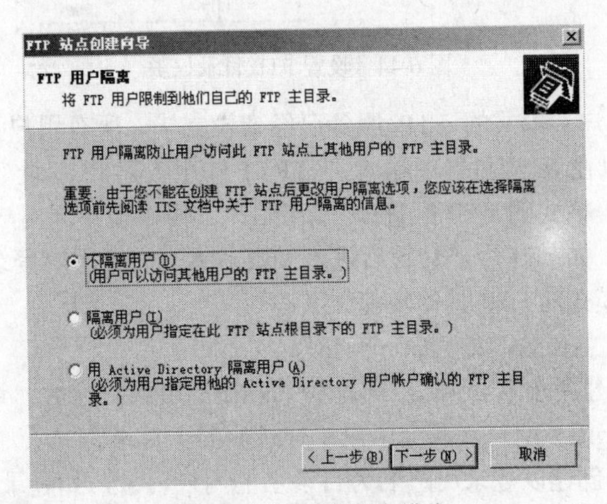

图 6-42　不隔离用户模式

5）单击“下一步”按钮，设置用户登录FTP后的主目录，如“C:\ftp”，也可单击“浏览”按钮自行设置其他目录，如图6-43所示。

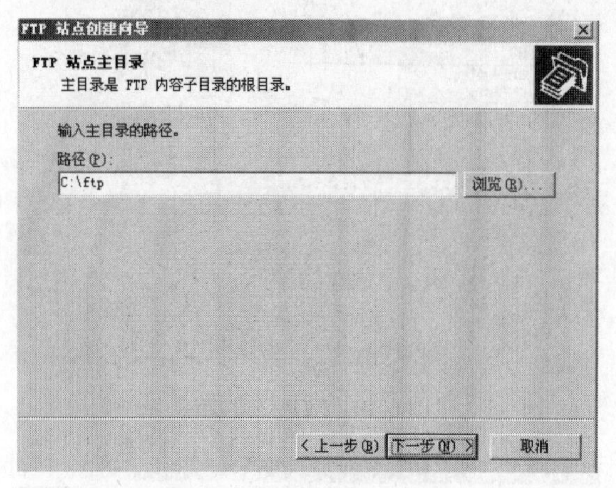

图6-43　设置FTP主目录

6）单击“下一步”按钮，为主目录设置访问权限。默认为“读取”权限，如允许用户上传文件，请勾选“写入”复选框，如图6-44所示。

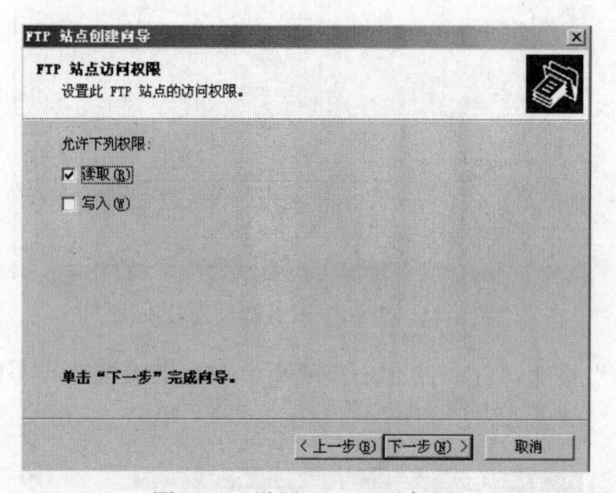

图6-44　设置FTP目录权限

至此，“不隔离用户”模式的FTP服务已经架设完毕，所有用户登录后将共用一个主目录“C:\ftp”，我们可以在IE浏览器中输入“FTP://FTP服务器IP地址”来访问FTP站点。

（2）“隔离用户”模式的FTP配置：“隔离用户”可以使不同用户登录FTP服务器后进入各自指定的目录中，如kiki用户登录后进入kiki目录，yiyi用户登录后进入yiyi目录。创建一个“隔离用户”模式的FTP具体步骤如下：

1）创建一个FTP主目录，如“C:\my ftp”。

2）在主目录下创建两个名为local user和public的目录（注意：这两个目录的名称不能更改）。public目录为guest用户（匿名用户）登录后的主目录。

3）在localuser下创建以登录用户名为目录名的用户目录，如登录FTP的用户名为kiki，则目录名也为kiki，如图6-45所示。

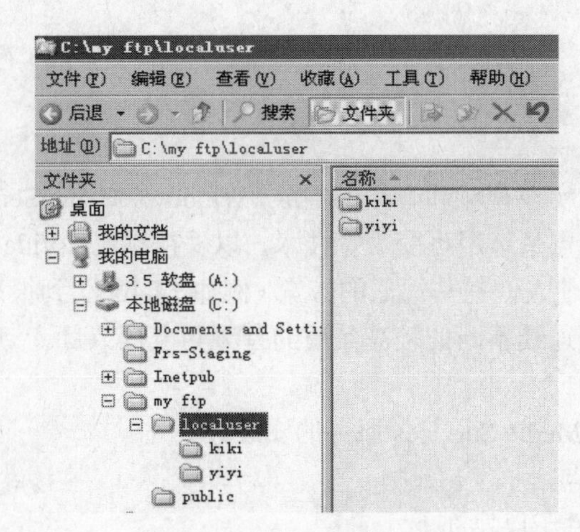

图 6-45　用户隔离模式目录

4）目录创建好后，具体操作步骤与架设“不隔离用户”模式的步骤相同，只是在图 6-42 中选择“隔离用户”模式。

5）单击“下一步”按钮，在图 6-43 中设置 FTP 主目录为“C:\My ftp”。设置完毕后，在浏览器中输入“FTP://FTP服务器 IP 地址”，将出现登录对话框，输入正确的用户名和密码后，即可登录到各自用户的指定目录中了。

6.4.4　实训报告

1. 实训概况

实训概况主要包括：实训项目（内容）、实训地点、实训时间、实训环境（硬件与软件）。

2. 实训过程

按照实训内容的步骤，做好实训过程的详细记录。

3. 实训思考

（1）FTP 工作原理是什么？

（2）“隔离用户”模式与“不隔离用户”模式有何区别？

（3）如何登录非标准端口的 FTP 站点？

4. 实训心得

简述通过该项实训的收获与心得体会。

§6.5　Windows Media Service 服务

Windows Server 2003 系统内置的流媒体服务组件 Windows Media Services（简称 WMS）就是一款通过 Internet 或 Intranet 向客户端传输音频和视频内容的服务平台。WMS 支持 asf、wma、wmv、mp3 等格式的媒体文件。能够像 Web 服务器发布 HTML 文件一样发布流媒体文件和从摄像机、视频采集卡等设备传来的实况流。而用户可以使用 Windows Media Player 9 及以上版本的播放器收看这些媒体文件。本节内容以 Windows Server 2003 系统为例，介绍如何使用 WMS 打造网络媒体中心。完成本次实训需要掌握单播、广播、流媒体的概念。

6.5.1 实训概述

1. 实训背景

为了在计算机网络上实现视频和音频的播放，Windows Media Services 采用流媒体的方式来传输数据。它的主要特点是运用可变带宽技术，以“视频流（Video-Audio-Stream）”的形式进行数字媒体的传送，使人们在从很低的带宽（例如 14.4b/s）到很高的带宽（例如 10Mb/s）环境下都可以在线欣赏到连续不断的较高品质的音频和电视节目。

2. 实训目的

（1）掌握 Windows Media Services 服务的安装。

（2）创建点播发布点。

（3）将相关媒体文件予以发布。

3. 实训内容

（1）安装 WMS 服务。

（2）制作流媒体文件。

（3）发布流媒体文件。

（4）管理流媒体站点。

6.5.2 实训规划

1. 实训设备

（1）服务器（1 台）。

（2）测试用 PC（至少 1 台）。

（3）交换机或集线器（1 台）。

（4）直连双绞线（视连接计算机而定）。

2. 实训拓扑

流媒体服务实训拓扑结构如图 6-46 所示。

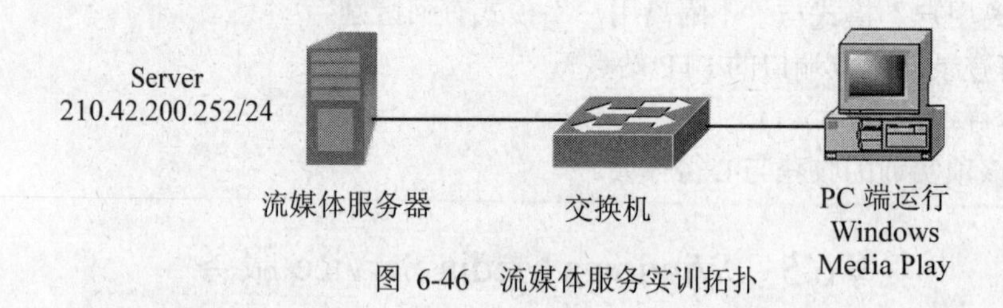

图 6-46 流媒体服务实训拓扑

6.5.3 实训步骤

1. 安装 Windows Media Services

Windows Server 2003 默认并没有安装 WMS 服务。具体安装步骤如下：

单击“开始”菜单，依次单击“控制面板”→“添加/删除程序”→“Windows Media Services”，如图 6-47 所示。

Windows Media Service，服务安装后会默认建立了一个媒体文件存放路径，位于系统根分区下的 C:\wmpub\wmroot 目录下，并已在该目录下提供若干个流媒体文件用来测试。

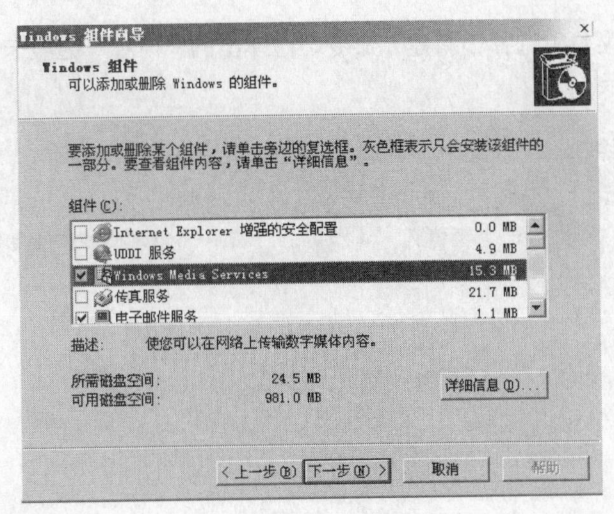

图 6-47　安装 WMS 服务

2. 制作流媒体文件

（1）WME 编码器的安装：Windows Media Encoder（简称 WME）是微软专门用来转换流媒体文件的程序，Windows Server 2003 中并没有自带该编码器，可以到 Microsoft 官方网站上下载 Windows Media Encoder 的简体中文版。安装完后进入程序界面如图 6-48 所示。

（2）多媒体文件转换为流媒体：WMS 只能用来发布 WMV 和 WMA 的流媒体文件，利用 WME 编码器可将 asf、avi、wav、mpg、mp3、bmp 和 jpg 等音视频文件先转化为流媒体文件然后再发布。具体操作步骤如下：

1）通过“开始”菜单打开 WME 编码器界面，如图 6-48 所示。

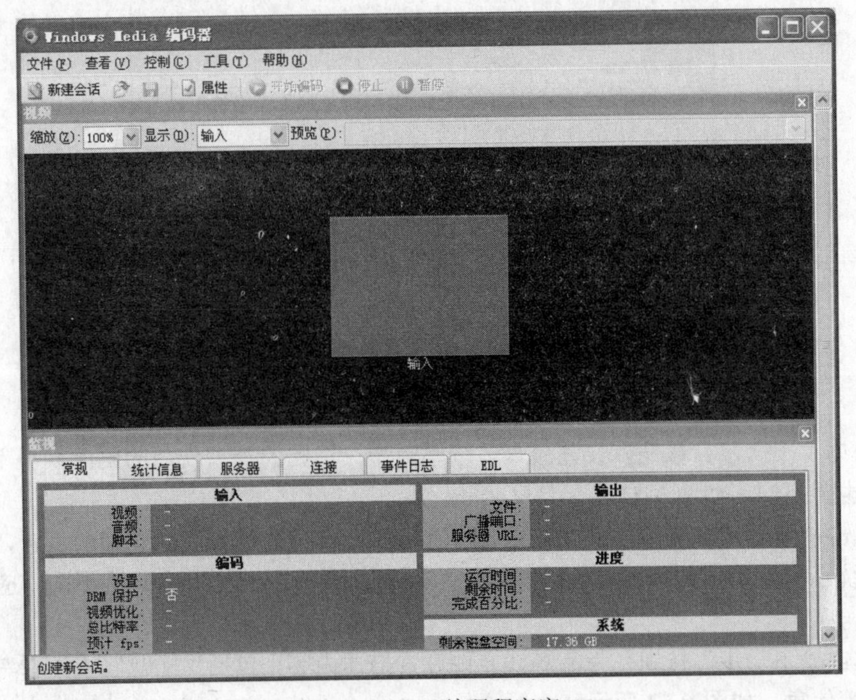

图 6-48　WME 编码程序窗口

2）在“文件”菜单中选择“新建”命令，在弹出的“向导”选项卡中选择“转换文件”图标，如图 6-49 所示。

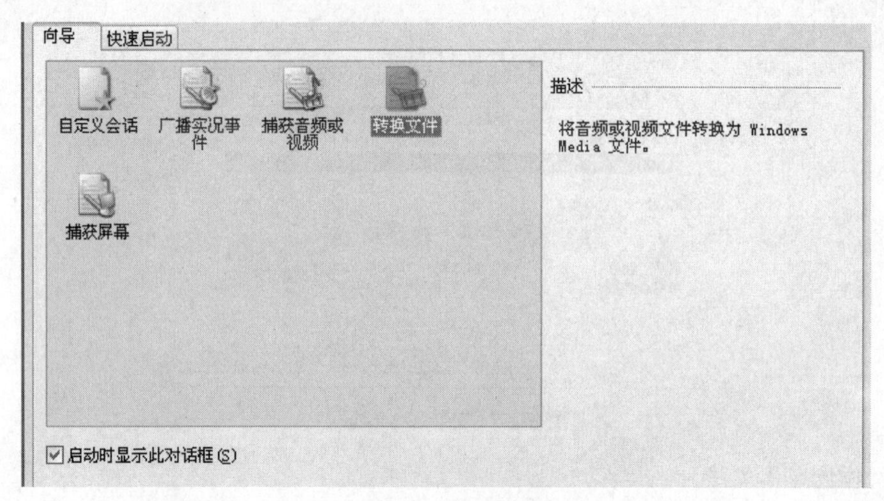

图 6-49　转换文件

3）设置需要转换的源文件和转换后的目标文件路径，现将一个名为 song.wav 的文件转换为流媒体 song.wma，如图 6-50 所示。

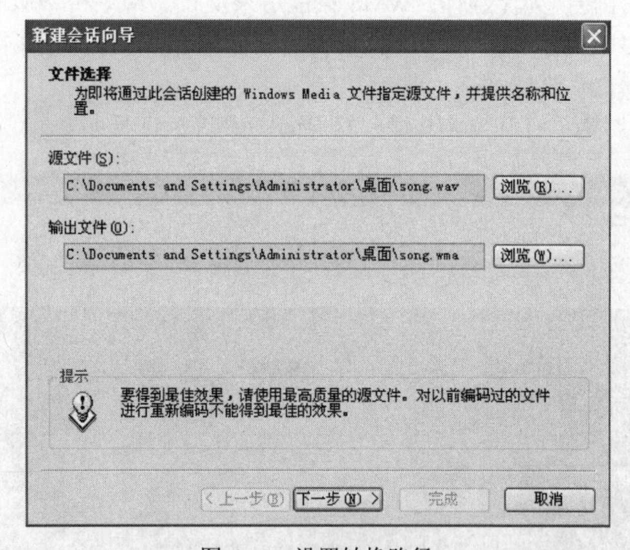

图 6-50　设置转换路径

4）单击“下一步”按钮，设置流媒体编码类型。不同的类型使用的码流大小不同，相应的清晰度也会不同。如图 6-51 所示。

5）单击“下一步”按钮，可以对所选的流媒体编码类型进行更加详细的设置，如图 6-52 所示，系统已内置了多种编码格式，不同的编码格式所使用的比特率码流不同，应用的场合也不同。

6）单击“下一步”按钮，为流媒体文件设置描述内容，包括“标题”、“作者”、“版权”、“分级”等信息，如图 6-53 所示。

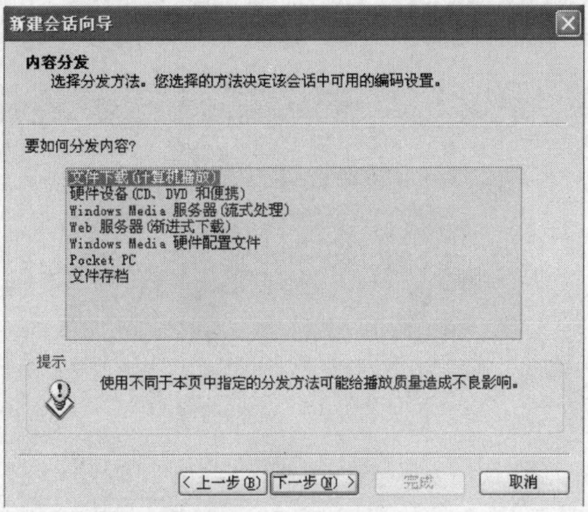

图 6-51　设置编码类型

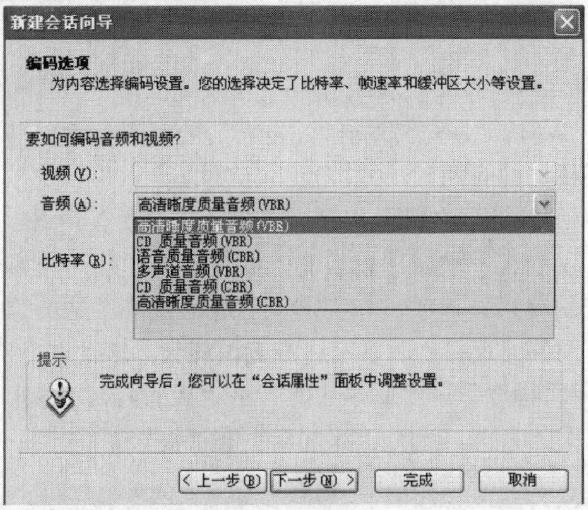

图 6-52　设置比特率

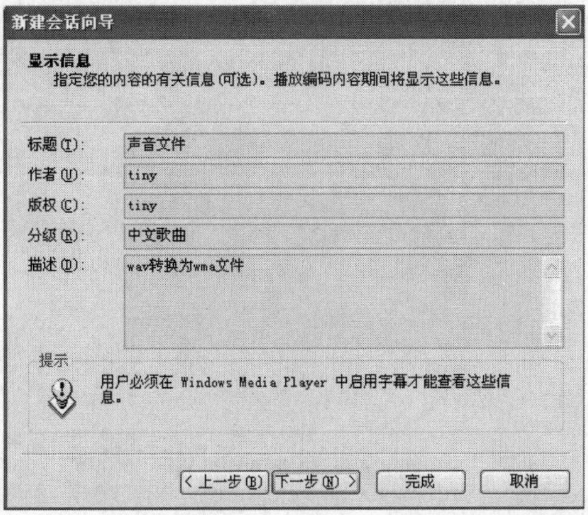

图 6-53　设置描述信息

7）单击“完成”按钮，开始转换工作，转换结果如图 6-54 所示。

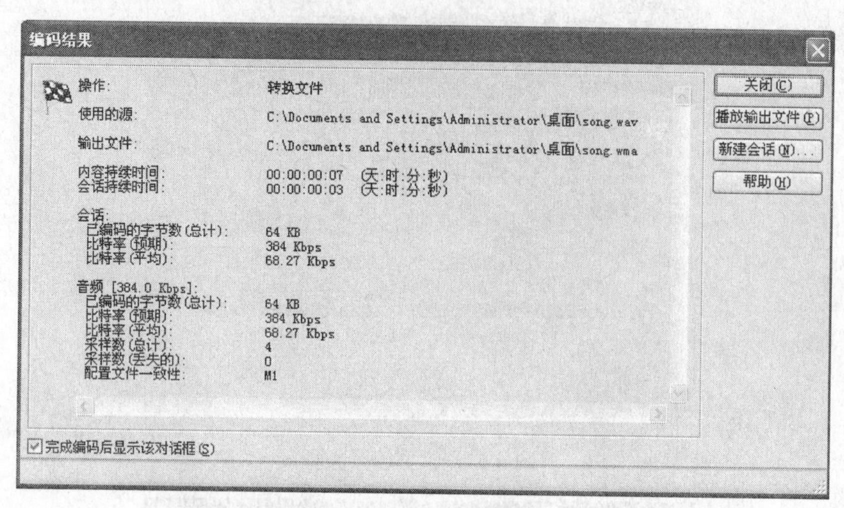

图 6-54　转换结果说明

3. 发布流媒体文件

流媒体文件是通过 WMS 服务器发布的，发布后的流媒体文件便可以通过网络直接进行观看了。一般发布流媒体文件有两种形式：点播、广播。

（1）点播：客户端与服务器之间是点到点连接。所谓“点到点”是指每个客户端都从服务器接收一个数据流。仅当客户端发出请求时，服务器端才发送流媒体。用点播形式播放流媒体时，客户端可以控制流媒体播放，如快进、后退、暂停、结束等。但这种点播形式要为每个客户端都建立一个服务器连接，所以网络带宽消耗大。建立点播站点具体操作步骤如下：

1）单击“开始”→“程序”→“管理工具”→“Windows Media Services”，打开 WMS 服务界面，在“发布点”上右击，选择“添加新发布（高级）”命令，如图 6-55 所示。

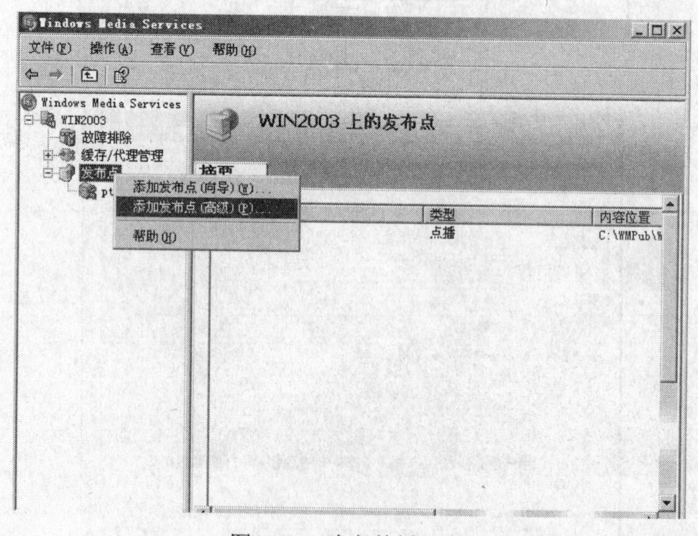

图 6-55　建立单播站点

2）在“站点发布”属性界面中选择“点播”，在“发布点名称”中输入新建点播站点的名称，如：ptp。在“内容的位置”文本框中设置要发布的流媒体文件路径，如图 6-56 所示。设置无误后，单击“确定”按钮。

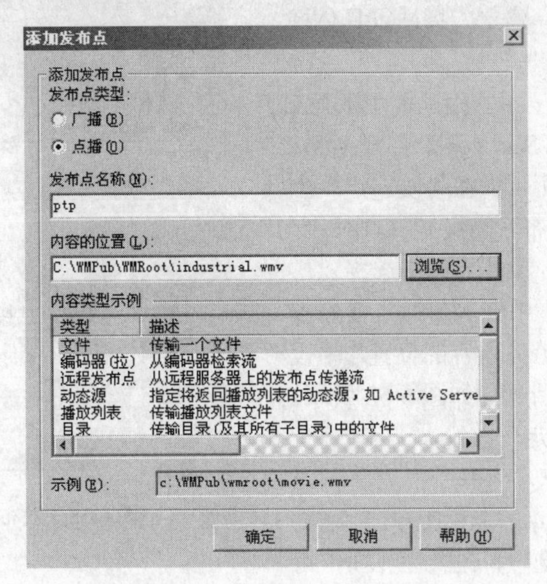

图 6-56　发布站点属性界面

3）在客户端计算机上打开 IE 浏览器，在地址栏中输入“MMS:// IP 地址/单播站点名称”。如：“MMS://210.42.200.252/PTP”。其中 MMS 为流媒体协议，IP 地址为流媒体服务器端地址，“PTP”为单播发布点名称。系统将自动调用 Windows Media Player 播放程序来播放客户端点播的流媒体文件，如图 6-57 所示。

图 6-57　客户端点播流媒体

（2）广播：用户被动从服务器端接收流媒体。在广播过程中，客户端只能接收流媒体，而不能控制流媒体的播放。例如，用户不能暂停、快进或后退流媒体。建立广播站点具体操作步骤如下：

1）单击“开始”→“程序”→“管理工具”→“Windows Media Services”，打开 WMS 服务界面，如图 6-55 所示。在“发布点”上右击，选择“添加新发布（高级）”命令。

2）在“站点发布”属性界面中选择“广播”，在“发布点名称”中输入新建点播站点的名称，如 broadcast。在“内容的位置”中设置要发布的流媒体文件路径，如图 6-58 所示。设置无误后，单击“确定”按钮。

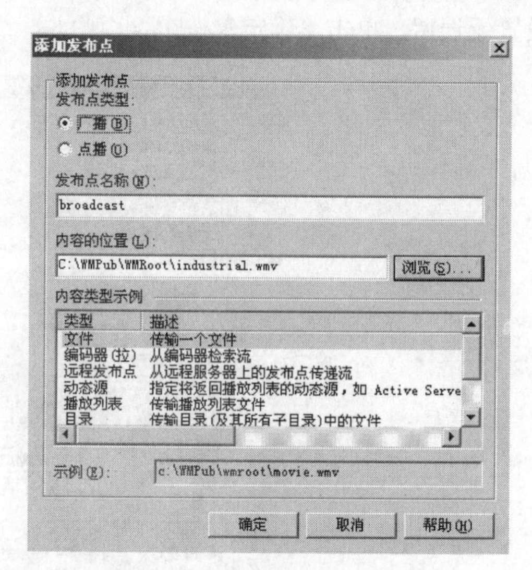

图 6-58　发布站点属性界面

4. 管理流媒体站点

在点播或广播发布点的名称上单击，在右侧窗口中选择“属性”选项，在属性界面中可以对发布的站点进行详细管理，如限制特定用户的访问权限，限制特定 IP 的访问权限，限制连接到服务器端的数量等，如图 6-59 所示。下面举例说明常用设置。

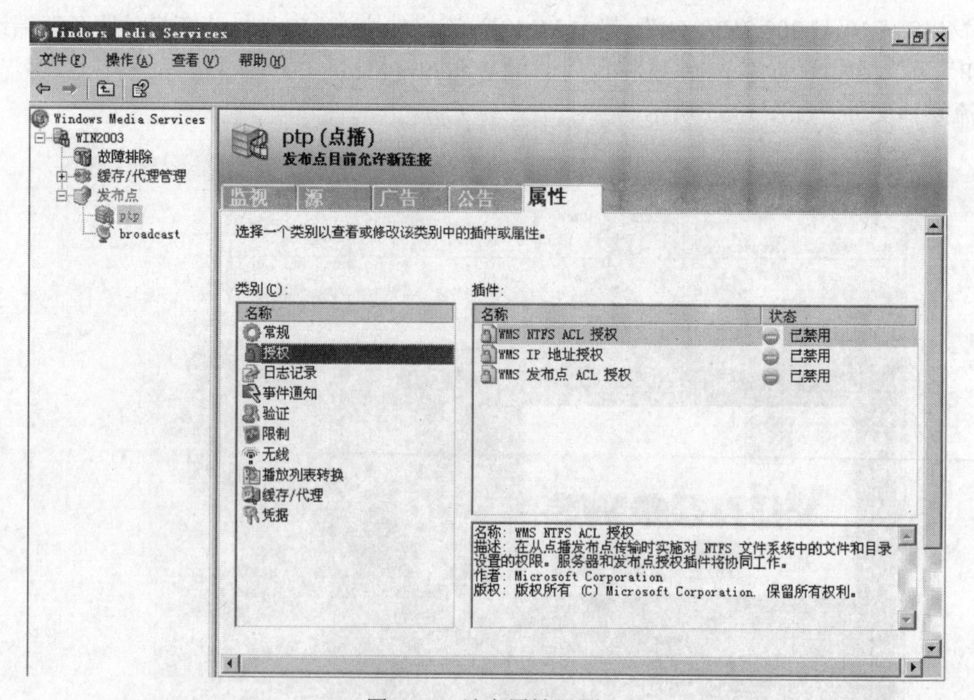

图 6-59　站点属性界面

（1）限制特定用户的访问权限：在图 6-59 中选择“授权”→“WMS 发布点 ACL 授权”，打开“ACL 属性常规”界面，设置用户对流媒体服务器的访问权限，如图 6-60 所示。

（2）限制特定 IP 的访问权限：在图 6-59 中选择“授权”→“WMS IP 地址授权”，打开

"IP 地址授权属性"界面，设置一个特定的 IP 地址或一组特定的网络地址对流媒体服务器的访问权限，如图 6-61 所示。

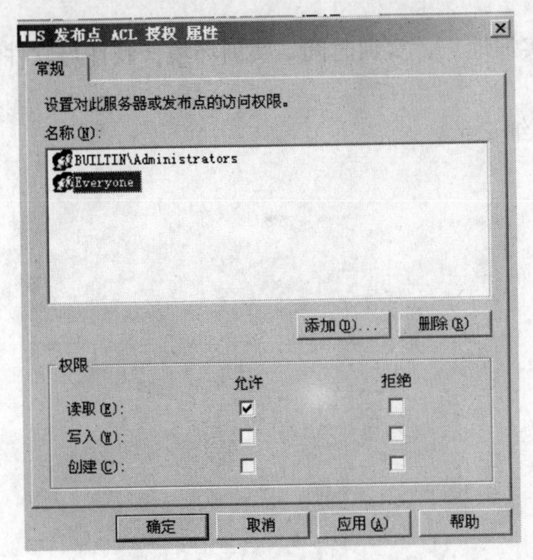

图 6-60　用户权限设置界面

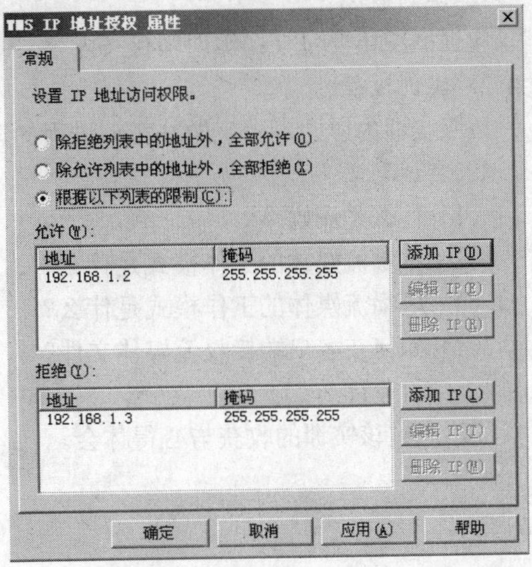

图 6-61　IP 地址权限设置界面

（3）限制连接数、带宽等：在图 6-59 中选择"限制"选项，打开"限制属性"界面，在这里可以设置流媒体服务器允许连接的客户端数量、每个客户端可用带宽等，如图 6-62 所示。合理的设置限制，不但能平衡流媒体服务器的性能，还能使网络带宽不至于被流媒体播放耗尽。

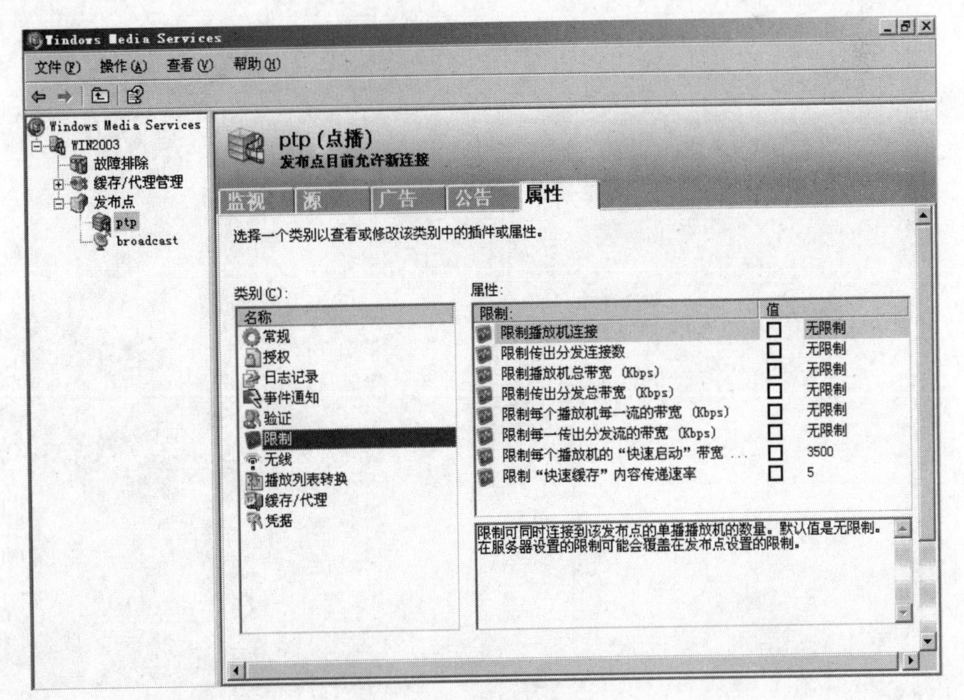

图 6-62　限制设置界面

6.5.4 实训报告

1. 实训概况

实训概况主要包括：实训项目（内容）、实训地点、实训时间、实训环境（硬件与软件）。

2. 实训过程

按照实训内容的步骤，做好实训过程的详细记录。

3. 实训思考

（1）什么是流媒体？

（2）单播流媒体的工作模式是什么？

（3）广播流媒体的工作模式是什么？

（4）如何在客户端接收流媒体文件？

4. 实训心得

简述通过该实训的收获与心得体会。

第 7 章　网络安全与管理

随着计算机网络应用范围的不断扩展，网络的安全问题也变得越来越突出。计算机网络的最大功能特点是信息资源共享。然而，在网络系统中存储和传输数据的安全问题也越来越引起人们的关注。如果数据信息在存储和传输过程中被盗用、暴露或篡改，将给网络系统的应用带来一定的损失。因此，掌握网络安全与管理技术是极为重要的。

在众多的安全管理技术中，本章精选了 4 个能在实验室中进行的实训项目：利用 IPsec 策略禁用本地端口、数字证书在 Web 中的应用、Windows 内置防火墙的设置以及 Windows 的 VPN 应用。

通过本章实训，熟悉并掌握计算机网络安全与管理的常用基本方法。

§ 7.1　利用 IPsec 策略禁用本地端口

7.1.1　实训概述

1. 实训背景

目前很多黑客攻击系统都是利用扫描软件扫描系统端口来获取一些隐含信息。例如 SuperScan、X-scan 等。黑客通过 TCP 的 139 和 445 端口可以获取如计算机名称、管理员账号等一些相关信息，这样便可以通过相应的攻击工具进行入侵。如知道管理员账号后，可以猜测或暴力破解其密码来获得计算机的控制权。如何防范此类扫描软件带来的危害呢？我们利用 Windows Server 2003 自身的 Internet 协议安全（Internet Protocol Security，IPsec）即能解决。IPsec 是一个工业标准网络安全协议，是 Windows Server 2003 自身的策略设置，为 IP 网络通信提供透明的安全服务，保护 TCP/IP 通信免遭窃听和篡改，可以有效地抵御网络攻击。

2. 实训目的

通过本实训，在了解有关网络协议、技术和方案的基础上，熟悉 IPsec 的工作原理，并以 Windows Server 2003 操作系统为平台，介绍利用 IPsec 实现计算机之间安全通信的具体方法。

学生应掌握利用组策略配置 IPsec 策略禁止某端口通信。

3. 实训内容

（1）添加 IP 筛选器。

（2）创建 IP 策略。

（3）应用 IP 策略。

7.1.2 实训规划

1. 实训设备

（1）运行 Windows Server 2003 的服务器（1 台）。

（2）测试用 PC（1 台）。

（3）集线器或交换机（1 台）。

（4）直连双绞线（2 根）。

2. 实训拓扑

在本实训中需要运行启用了 IPsec 安全策略的 Windows Server 2003 计算机一台。另一台计算机上可以通过扫描工具来测试服务器的安全性。网络拓扑如图 7-1 所示。

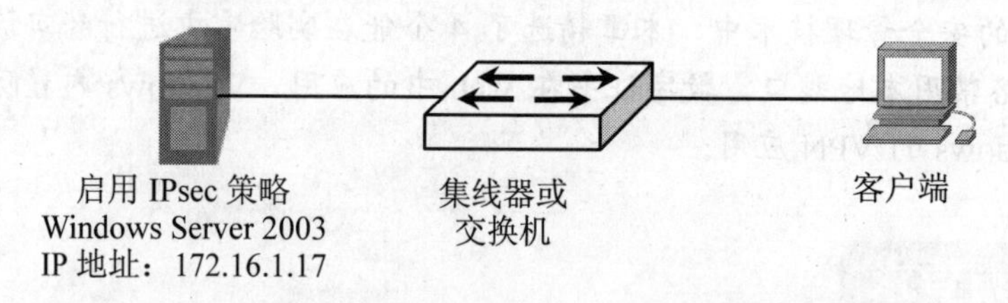

图 7-1 IPsec 网络安全实验拓扑图

7.1.3 实训步骤

1. 添加 IP 筛选器

Windows Server 2003 可利用 IPsec 策略来阻止本地端口通信，而 IPsec 策略是通过设置 IP 筛选器来实现的。配置 IP 筛选器具体步骤如下：

（1）通过“开始”→“程序”→“管理工具”，打开“本地安全策略”界面，在“IP 安全策略，在本地计算机”上右击，选择“管理 IP 筛选器表和筛选器操作”选项，如图 7-2 所示。

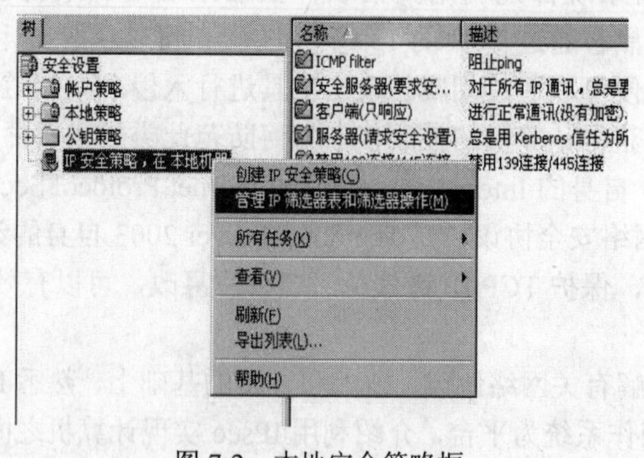

图 7-2 本地安全策略框

（2）在如图 7-3 所示的“管理 IP 筛选器列表”选项卡中单击“添加”按钮打开“IP 筛选器列表”对话框，在“名称”文本框中输入要创建的策略名称，如“禁用 139 连接”。在“描述”文本框中输入本条策略的简要说明，单击“添加”按钮，如图 7-4 所示。

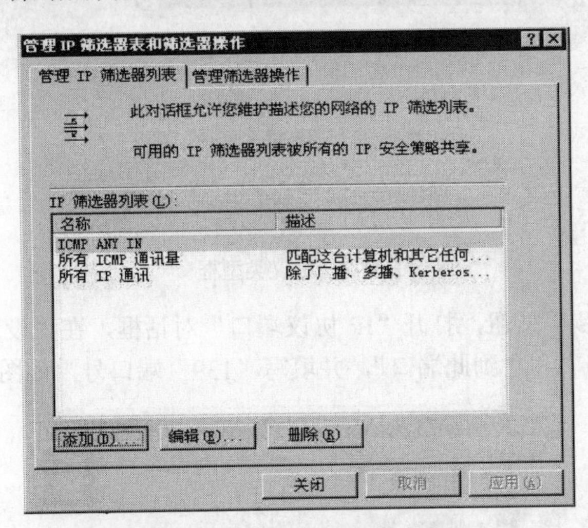

图 7-3　管理 IP 筛选列表对话框

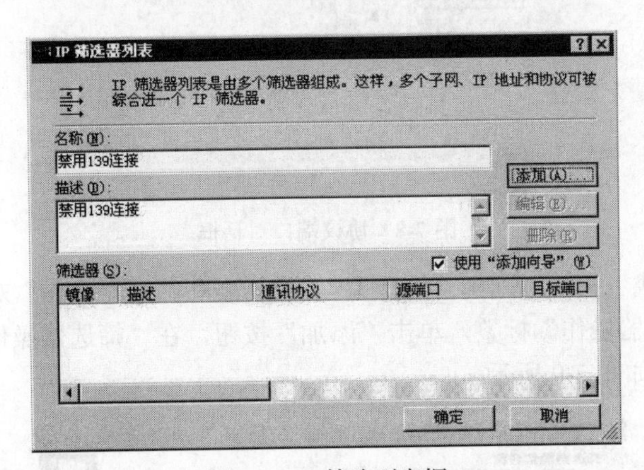

图 7-4　IP 筛选列表框

（3）在“IP 筛选器向导”的“指定 IP 通信的源地址”对话框中，选择“源地址”为“任何 IP 地址”，单击“下一步”按钮，如图 7-5 所示。

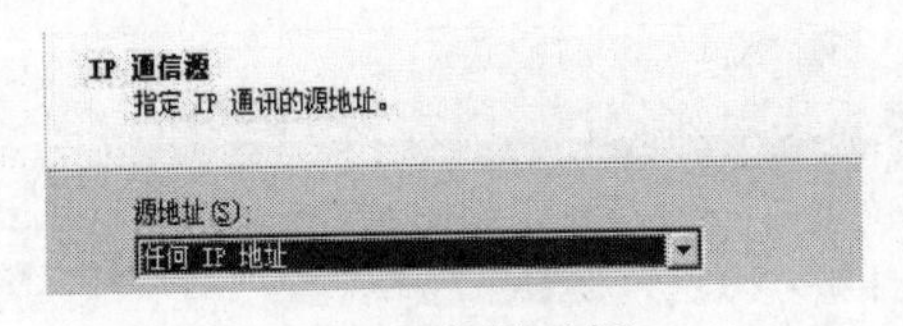

图 7-5　源地址框

（4）在“指定 IP 通信的目标地址”对话框中，选择“目标地址”为“我的 IP 地址”，单击“下一步”按钮，如图 7-6 所示。

（5）在“IP 协议类型”对话框中，选择协议类型为“TCP”，如图 7-7 所示。

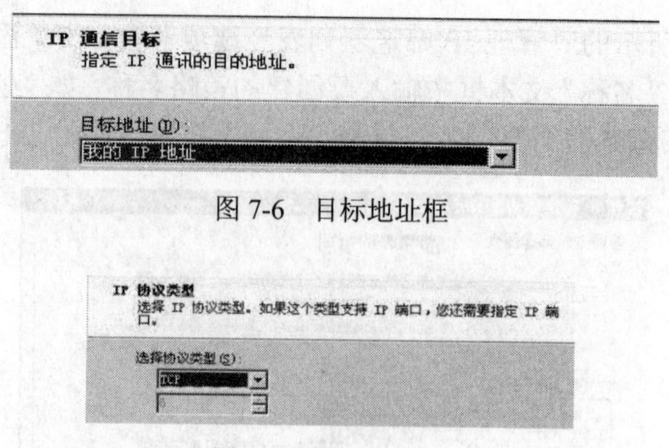

图 7-6 目标地址框

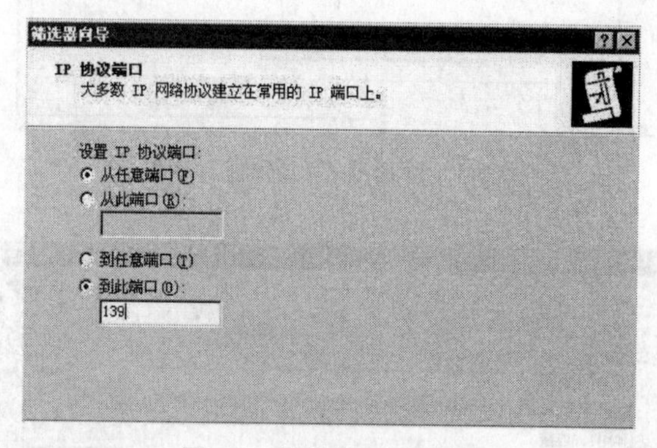

图 7-7 协议类型框

（6）单击“下一步”按钮，打开“IP 协议端口”对话框，在“设置 IP 协议端口”栏里分别选择“从任意端口”和“到此端口”，并填写“139”端口号，如图 7-8 所示。

图 7-8 协议端口对话框

（7）单击“完成”按钮，回到“管理 IP 筛选器表和筛选器操作”对话框，如图 7-3 所示。选择“管理筛选器操作”标签，单击“添加”按钮，在“筛选器操作名称”窗口中输入与图 7-4 相同信息，如图 7-9 所示。

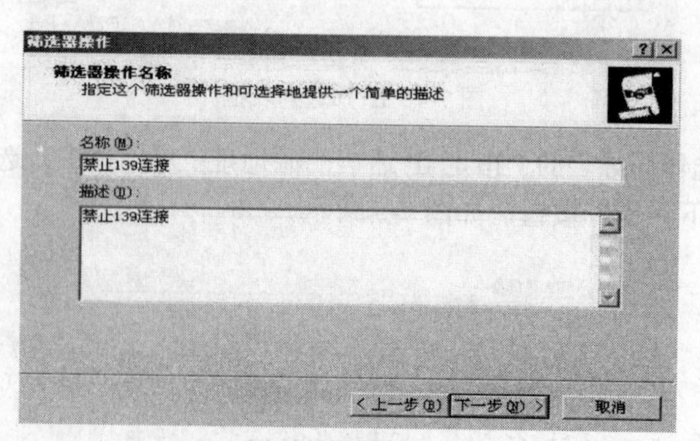

图 7-9 协议端口对话框

（8）在“筛选器操作常规选项”对话框中选择“阻止”单选按钮，阻止源地址为任意 IP 地址的计算机访问本机的 139 端口，如图 7-10 所示。如果允许其他主机访问本地 139 端口，则选择“许可”单选按钮。至此完成了禁止 139 端口通信的 IP 规则制定。

设置禁用本地 445 端口通信的方法与此相同。这里不再赘述，同学们可自行添加。

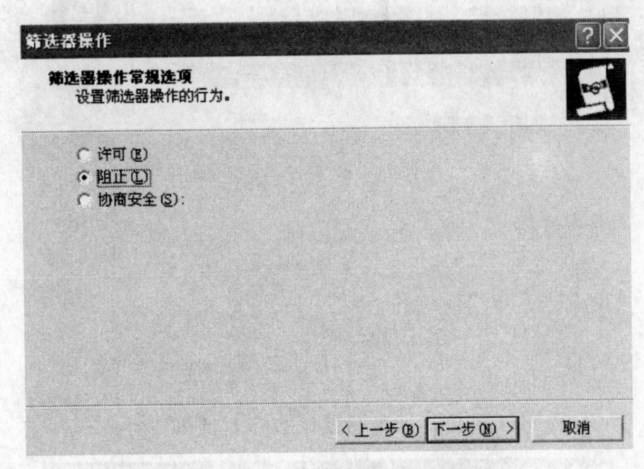

图 7-10　筛选行为对话框

2. 创建 IP 安全策略

完成筛选器的添加和配置操作后，接下来创建 IP 策略。具体步骤如下：

（1）在图 7-2 中，右击“IP 安全策略，在本地计算机”，选择“创建 IP 安全策略”命令。

（2）在“IP 安全策略向导”对话框中的“名称”文本框中填入“禁止 139 连接”。在“描述”中填入对本条规则的简要说明，如图 7-11 所示。

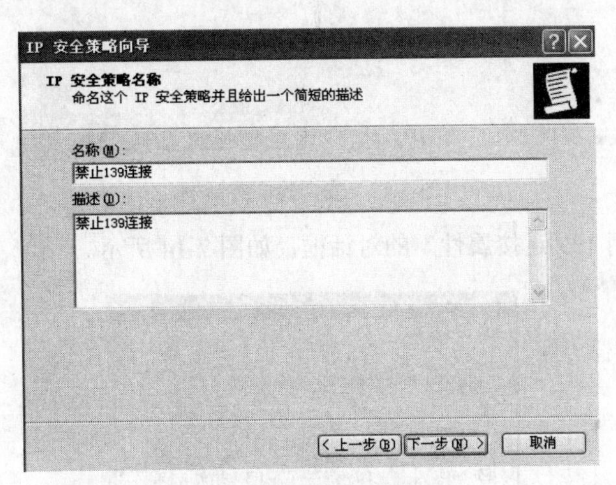

图 7-11　IP 安全策略向导

（3）单击“下一步”按钮，在“安全通讯请求”对话框中勾选“激活默认响应规则”，如图 7-12 所示。

（4）单击“下一步”按钮，在“默认响应规则身份验证方式”对话框中选择“此字符串用来保护密钥交换”选项，在空白区域填写用来在信息交换时起密钥作用的字符串（可任意），如“no 139”，如图 7-13 所示。如果此台计算机已经加入了域，则选择“Active Directory 默认值”选项。单击“下一步”按钮，完成 IP 安全策略的创建。

3. 将 IP 策略应用到 IP 筛选器

创建好 IP 策略后，我们需要将 IP 规则应用到 IP 筛选器当中使策略生效，具体步骤如下：

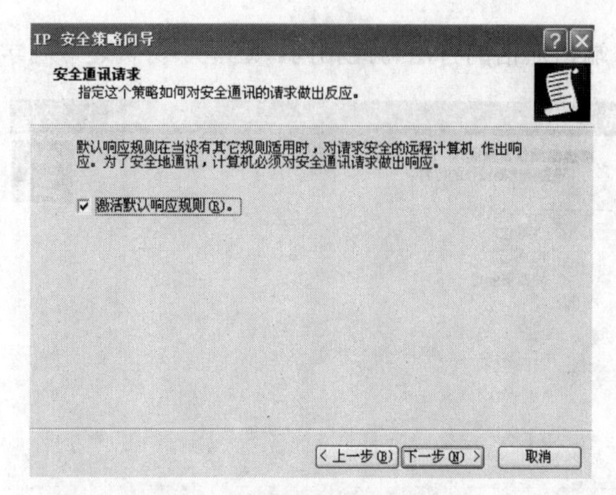

图 7-12　激活默认响应对话框

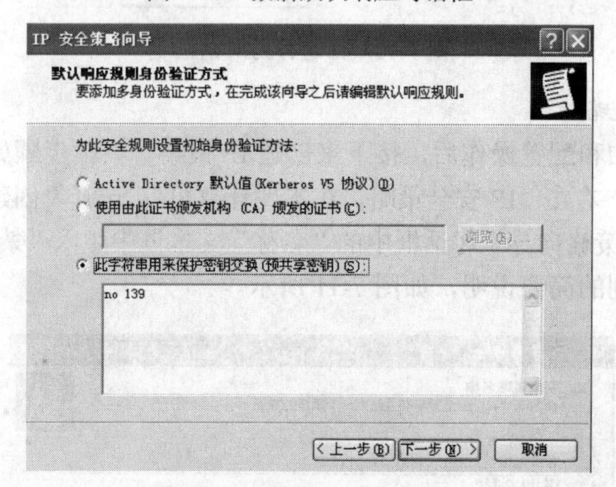

图 7-13　安全验证对话框

（1）打开“禁用 139 连接属性”的对话框，如图 7-14 所示。

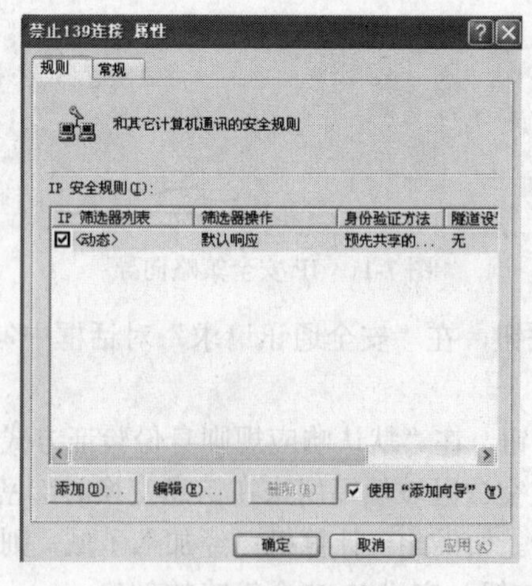

图 7-14　IP 规则框

（2）单击“添加”按钮，在“隧道终结点”对话框中选择“此规则不指定隧道”，如图 7-15 所示。

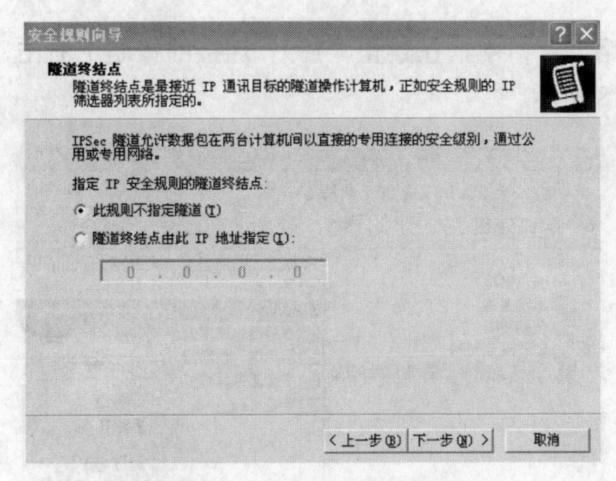

图 7-15　隧道指定对话框

（3）单击“下一步”按钮，将此规则应用到所有网络连接，如图 7-16 所示。

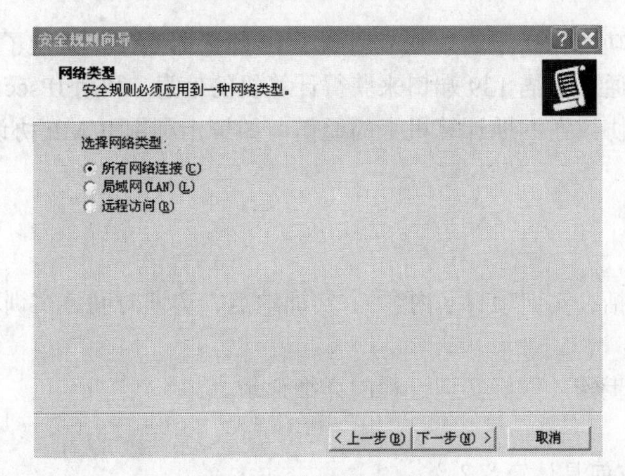

图 7-16　网络类型对话框

（4）单击“下一步”按钮，分别在“IP 筛选器列表”对话框和“筛选器操作”对话框中选择前面已创建好的“禁止 139 连接”策略，如图 7-17 所示。

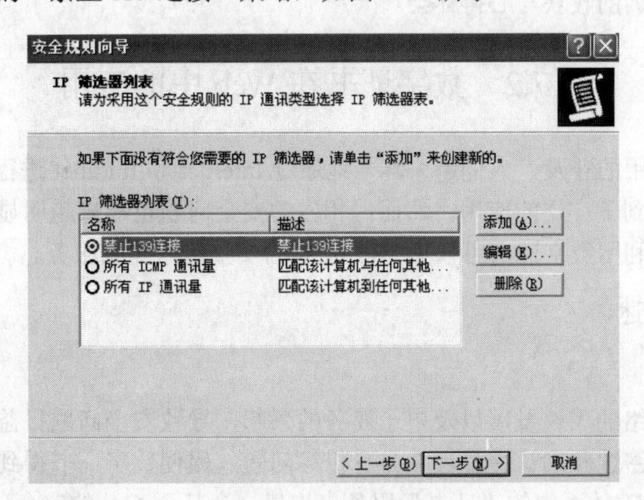

图 7-17　IP 筛选对话框

（5）回到“组策略”窗口中，在禁止“139”连接的策略上右击，选择“指派”命令，启用 IP 策略，如图 7-18 所示。

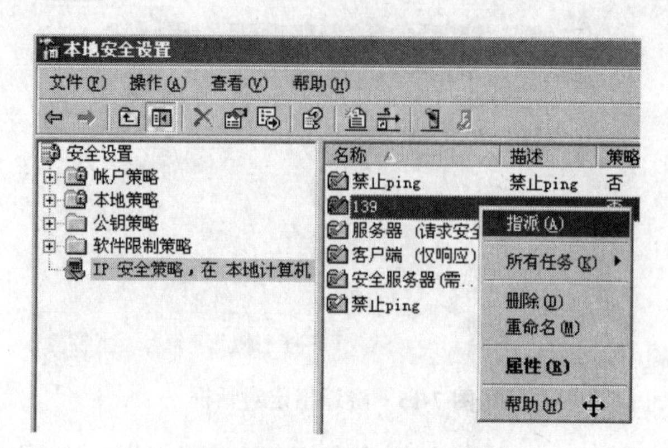

图 7-18　组策略窗口

现在我们已经成功地将指定的规则应用到了 IP 筛选器当中，禁止了本地的“139”端口，此时扫描软件已不能通过扫描 139 端口来获得计算机的信息。利用 IPsec 策略，还可以禁止其他端口和其他类型的协议在本地计算机上的通信，如禁止利用 ICMP 协议的 ping 命令等。

7.1.4　实训报告

1. 实训概况

实训概况主要包括：实训项目（内容）、实训地点、实训时间、实训环境（硬件与软件）。

2. 实训过程

按照实训内容的步骤，做好实训过程的详细记录。

3. 实训思考

（1）禁用端口有何具体意义？

（2）如何通过 IPsec 策略来禁用本地 445 端口？

4. 实训心得

简述通过该实训的收获与心得体会。

§7.2　数字证书在 Web 中的应用

随着互联网应用的普及，人们越来越多地通过 Internet 和 Intranet 进行沟通，电子商务、电子政务等应用得到了广泛的应用。然而，相应的安全问题也越来越明显，形式各样的安全威胁越来越突出。利用数字证书可以为 Web 站点的安全访问提供服务。

7.2.1　实训概述

1. 实训背景

由于计算机网络的飞速发展以及电子商务的兴起，导致安全问题日益被关注。为了解决数据在传输中的机密性和确认交易者双方身份等问题，促使数字证书得到了广泛的应用。本节探讨如何使用 PKI 体系中的“证书”服务来构建一个基于 CA 的安全环境。由于企业 CA

需要 Windows Server 2003 IIS 的支持，所以在安装“证书服务”之前，首先需要在该服务器上安装 IIS，有关 IIS 的安装请参看本教材第 7 章的内容。

2．实训目的

（1）通过本项实训掌握利用 Windows Server 2003 证书服务申请证书。

（2）如何将证书应用到 Web 服务器中。

本项实训是数字证书在网络安全中的一个应用实例，除此之外，数字证书还广泛应用于 VPN、电子邮件等多个领域。

3．实验内容

（1）安装证书服务。

（2）为客户端申请证书。

（3）为客户端颁发证书并安装证书。

（4）为 Web 服务器申请证书并安装证书。

（5）为客户端设置要求证书访问。

7.2.2　实训规划

1．实训设备

（1）运行 Windows Server 2003 服务器（1 台）。

（2）运行 Windows XP 客户端计算机（1 台）。

（3）集线器或交换机（1 台）。

（4）直连双绞线（2 根）。

2．实训拓扑

Windows Server 2003 安装“证书服务”，IP 地址为 192.168.1.2/24。安装“证书服务”实训的网络拓扑如图 7-19 所示。

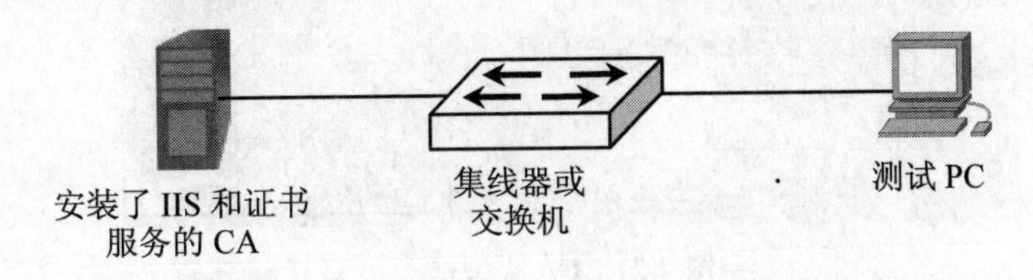

图 7-19　数字证书实验拓扑图

7.2.3　实训步骤

1．安装证书服务

（1）Windows Server 2003 默认情况下并没有安装证书服务，我们可以通过“控制面板”→“添加删除程序”→“添加删除 Windows 组件”→“证书服务”来安装，如图 7-20 所示。

注意：安装证书服务必须先安装 IIS 服务并启动 ASP，否则客户端将无法通过 Web 页面申请证书。

（2）单击“下一步”按钮，进入“服务端 CA 配置向导”窗口。如没有建立域控制器，选择“独立根 CA”单选按钮，勾选“用自定义设置生成密钥对和 CA 证书”，让用户自己来定义密钥对，如图 7-21 所示。

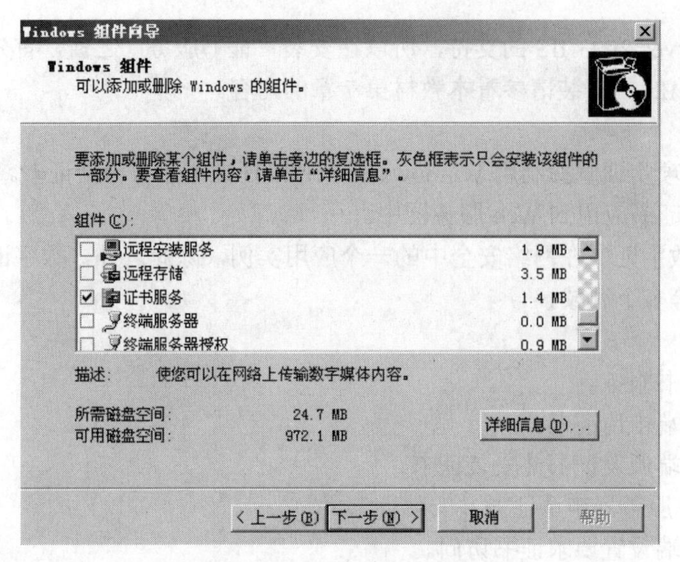

图 7-20 证书服务安装界面

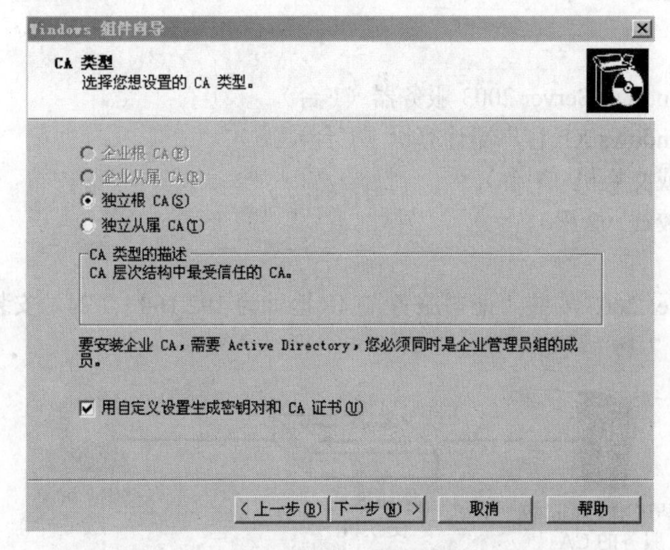

图 7-21 CA 类型框

（3）单击“下一步”按钮，为证书选择使用的加密密钥对类型。Microsoft 证书服务的默认 CSP 为：Microsoft Strong Cryptographic Provider；默认散列算法：SHA-1；密钥长度 2048。可以根据需要做相应的选择，这里我们使用默认设置（密钥长度越长，数据越安全，但通信时所需解密的时间也就越长），如图 7-22 所示。

（4）单击“下一步”按钮，输入此 CA 证书颁发机构的名称（名称可任意），如图 7-23 所示。

（5）单击“下一步”按钮，选择证书存放的目录路径，默认安装即可，如图 7-24 所示。

（6）单击“下一步”按钮，完成证书服务器安装，证书服务器安装后会在 IIS 服务下自动添加一个默认网站用于证书的申请。

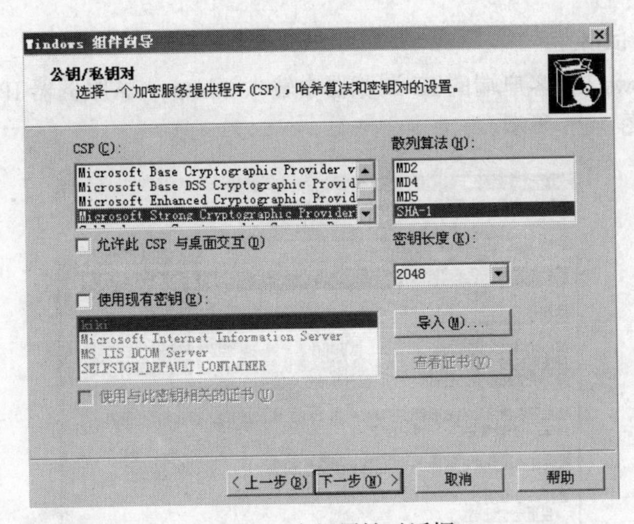

图 7-22　密钥属性对话框

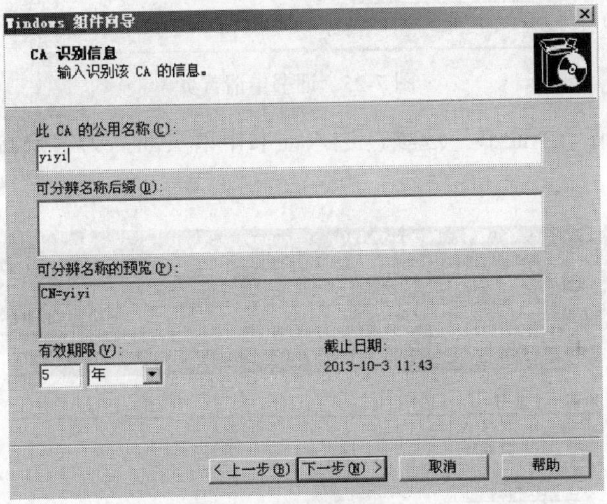

Windows 组件向导
CA 识别信息
输入识别该 CA 的信息。
此 CA 的公用名称 (C):
yiyi
可分辨名称后缀 (D):
可分辨名称的预览 (P):
CN=yiyi
有效期限 (V):
5 年
截止日期:
2013-10-3 11:43
< 上一步 (B)　下一步 (N) >　取消　帮助

图 7-23　CA 识别信息对话框

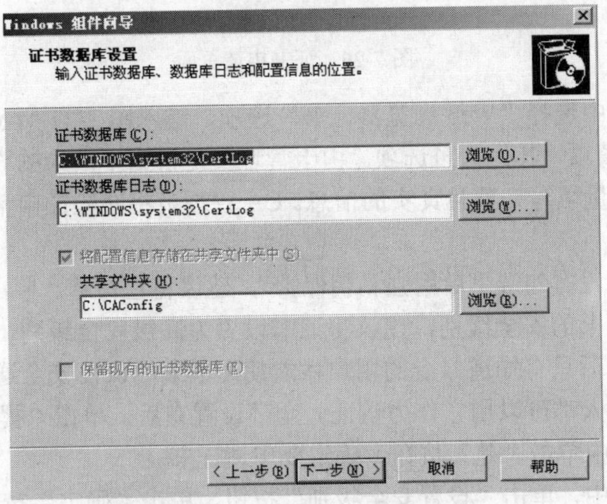

Windows 组件向导
证书数据库设置
输入证书数据库、数据库日志和配置信息的位置。
证书数据库 (C):
C:\WINDOWS\system32\CertLog
浏览 (O)...
证书数据库日志 (D):
C:\WINDOWS\system32\CertLog
浏览 (W)...
将配置信息存储在共享文件夹中 (S)
共享文件夹 (H):
C:\CAConfig
浏览 (R)...
保留现有的证书数据库 (E)
< 上一步 (B)　下一步 (N) >　取消　帮助

图 7-24　证书数据库设置对话框

2. 客户端申请证书

（1）在 Windows XP 客户端的 IE 浏览器中输入“http://CA服务器 IP/certsrv”，打开证书服务系统页面，如图 7-25 所示。

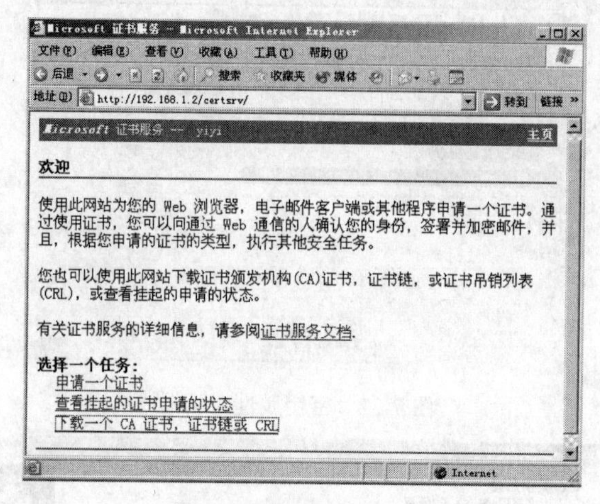

图 7-25　证书申请首页

（2）单击“申请一个证书”选项，进入证书申请页面，为客户端申请一个证书，如图 7-26 所示。

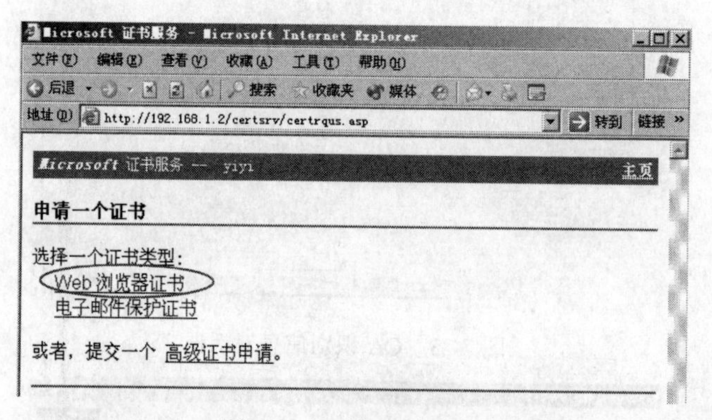

图 7-26　证书申请页面

（3）在图 7-26 中选择“Web 浏览器证书”选项，进入图 7-27 所示界面，并填写客户端信息。“姓名”是必填项，其他为可选项。由于管理员是根据申请人的详细信息来决定是否要颁发证书，所以应尽量填写完整且真实的信息。CA 管理员将在验证申请人的信息真实无误后颁发证书。

系统默认情况下没有勾选“启用强私钥保护”，建议将它勾选。单击“提交”按钮后，系统会让申请人设置证书的安全级别，建议将证书设置为高级安全级别，并用口令进行保护。这样设置的好处是以后只有知道口令的用户才能使用证书的认证安全通道，否则只要计算机上安装有证书，任何人都可以用它作为认证。全部设置完后，单击“提交”按钮。

（4）在图 7-28 中单击“是”按钮，确定要申请证书。

（5）在图 7-29 中，单击“设置安全级别”按钮，单击“确定”按钮。在图 7-30 中，选择密钥交换级别为“高”。

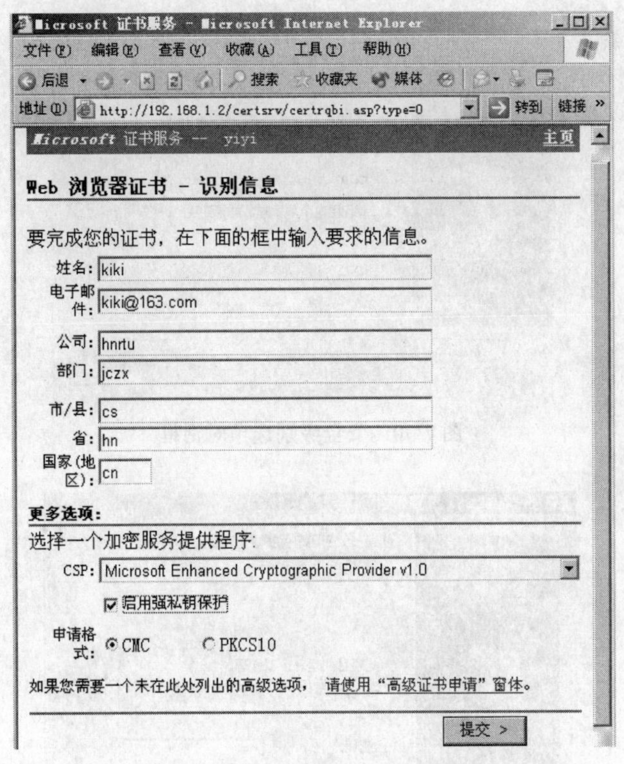

图7-27　客户端信息提交页面

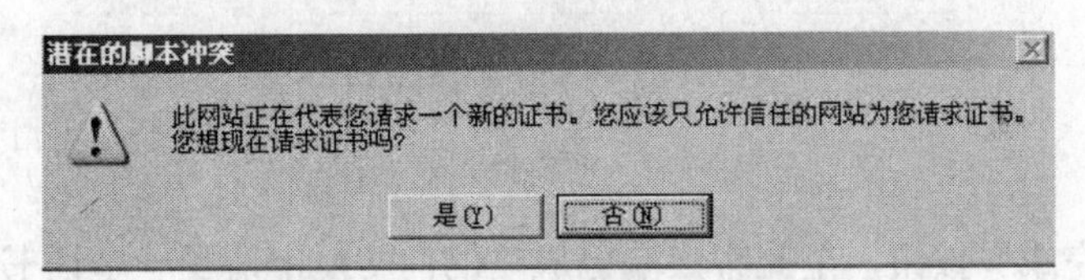

图7-28　证书申请确认对话框

图7-29　设置安全级别对话框

（6）单击“下一步”按钮，为证书申请设置密码保护，如图7-31所示。该密码一定要记住，因为在以后调用证书进行通信时，浏览器会弹出密码框进行验证。只有知道密码的用户才能利用证书通信，否则将会被断开。

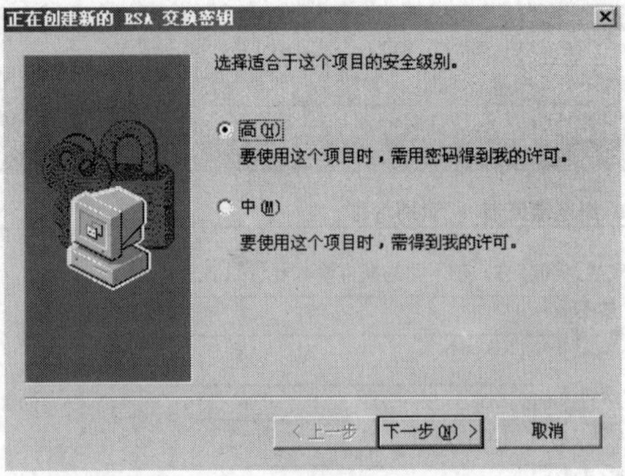

图 7-30　安全级别选项对话框

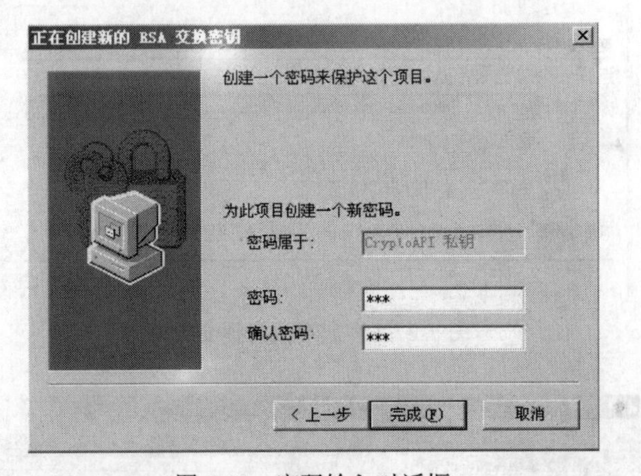

图 7-31　密码输入对话框

（7）单击“完成”按钮，至此客户端已成功的向 CA 申请了一个证书，等待 CA 管理员对其进行审核后，由管理员决定是否颁发该证书，如图 7-32 所示。

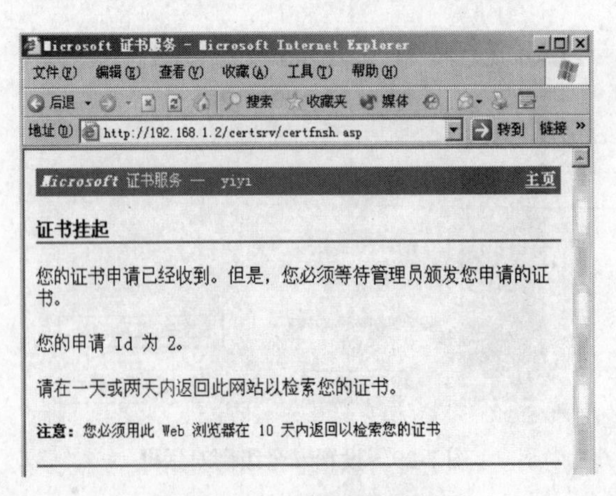

图 7-32　证书挂起页面

3. 为客户端颁发证书并安装证书

（1）为客户端颁发证书：客户端申请证书后便由管理员来颁发证书，具体操作步骤如下：

1）在 Windows Server 2003 服务器上，通过“开始”→“管理工具”→“证书颁发机构”进入“证书颁发机构”界面。

2）展开“挂起的申请”子菜单，在要颁发的证书上右击，在快捷菜单中选择“所有任务”→选择“颁发”命令，如图 7-33 所示。证书成功颁发后可在“颁发的证书”中看到刚才颁发的证书，如图 7-34 所示。

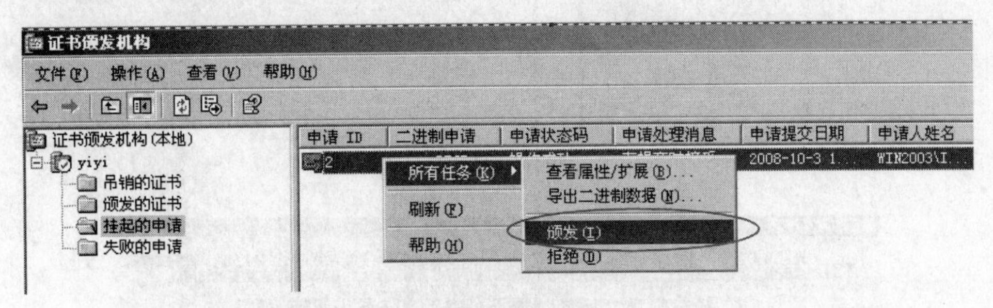

图 7-33　已挂起的证书

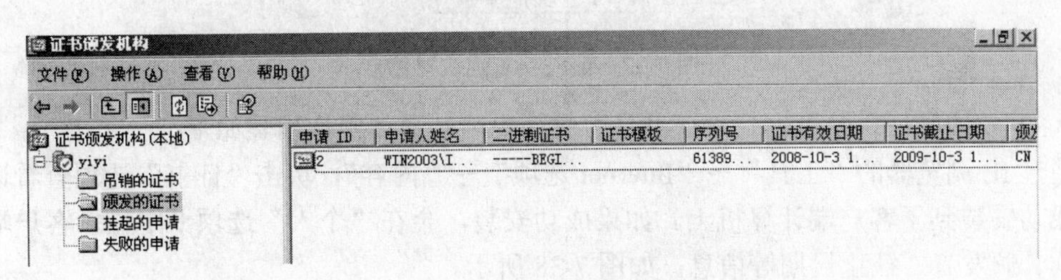

图 7-34　已颁发的证书

（2）客户端安装证书：在为客户端颁发证书后，客户端便可安装证书，具体操作步骤如下：

1）通过 Windows XP 客户端再次进入如图 7-25 所示的证书服务系统页面，选择“查看挂起的证书申请的状态”选项，可以查看刚刚 CA 管理员颁发的证书，如图 7-35 所示。

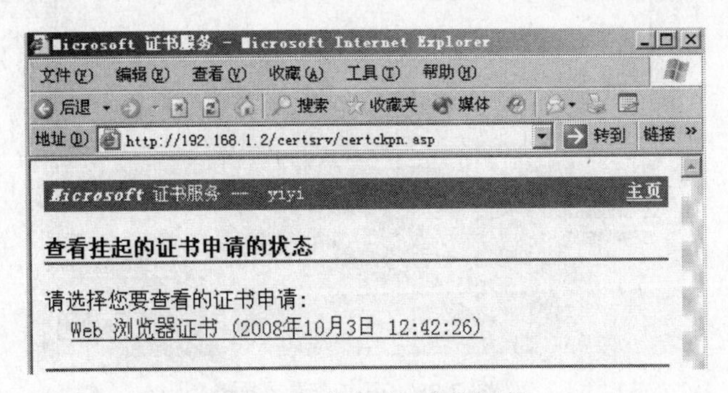

图 7-35　查看已颁发的证书

注意：这里显示的证书只有在申请该证书的计算机上才能看得到。

2）单击“Web 浏览器证书”选项，进入如图 7-36 所示证书安装页面。选择“安装此证书”选项，便安装刚刚由 CA 管理员颁发的客户端证书。

3）在图 7-37 中单击“是”按钮，同意在本台计算机上安装客户端证书，至此客户端证书安装完成。

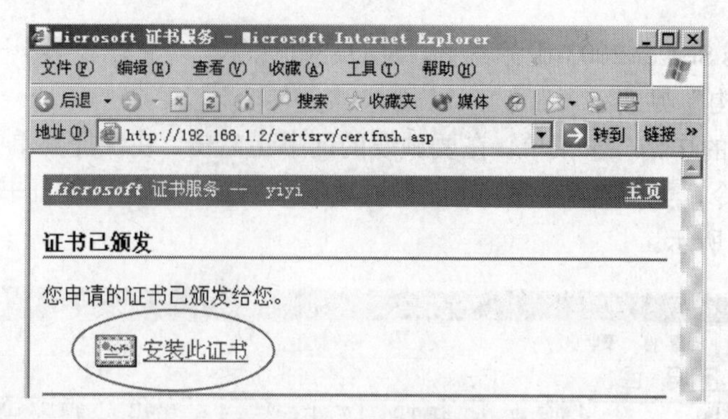

图 7-36 证书安装页面

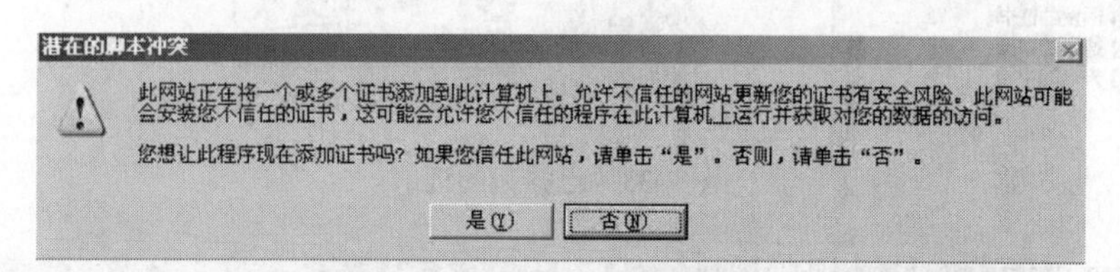

图 7-37 证书安装确认对话框

（3）安装验证：验证客户端证书是否成功安装，具体操作步骤如下：

通过 IE 浏览器的“工具”→“Internet 选项”→“内容”，单击“证书”选项查看证书是否已成功安装到了客户端计算机上。如果成功安装，会在“个人”选项卡中显示客户端证书的名称、颁发者、截止日期等信息，如图 7-38 所示。

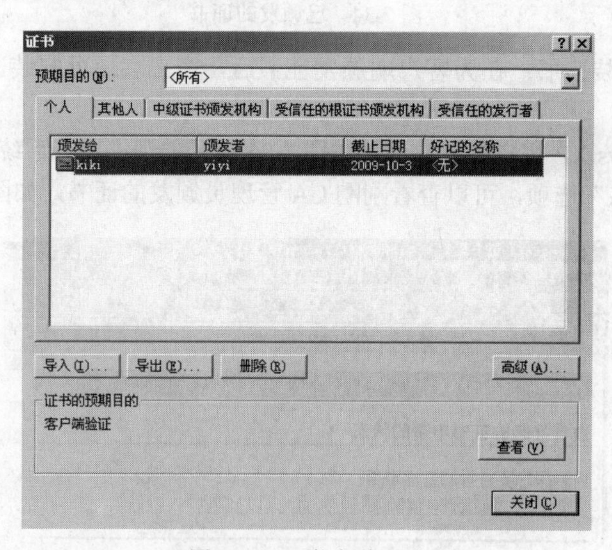

图 7-38 证书查看界面

4. 为 Web 服务器申请证书并安装证书

（1）申请证书申请文件：服务器端的证书申请比客户端复杂，首先生成证书申请文件，然后再利用证书申请文件来向 CA 申请服务器端证书。申请证书申请文件的具体操作步骤如下：

1）进入 Windows Server 2003 IIS 管理器界面，打开“默认网站属性”的“目录安全性”

选项卡，如图 7-39 所示。单击“服务器证书”按钮，打开“IIS 证书向导”对话框。

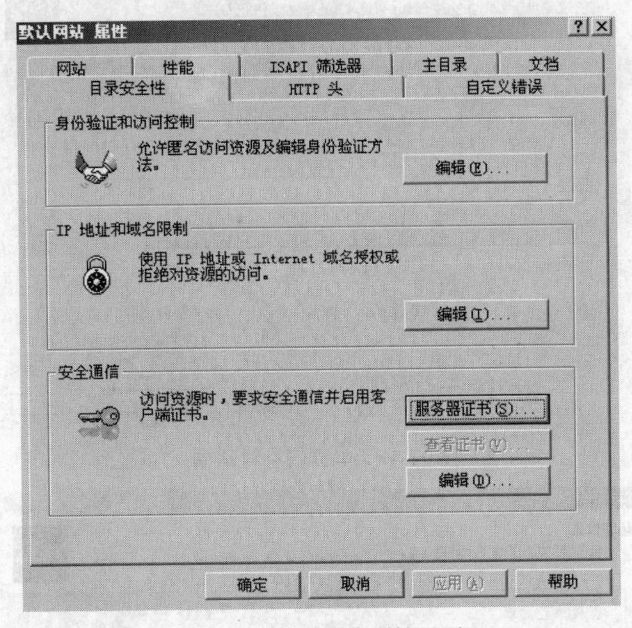

图 7-39　网站安全属性界面

2）在“IIS 证书向导”中选择“新建证书”单选按钮，如图 7-40 所示。

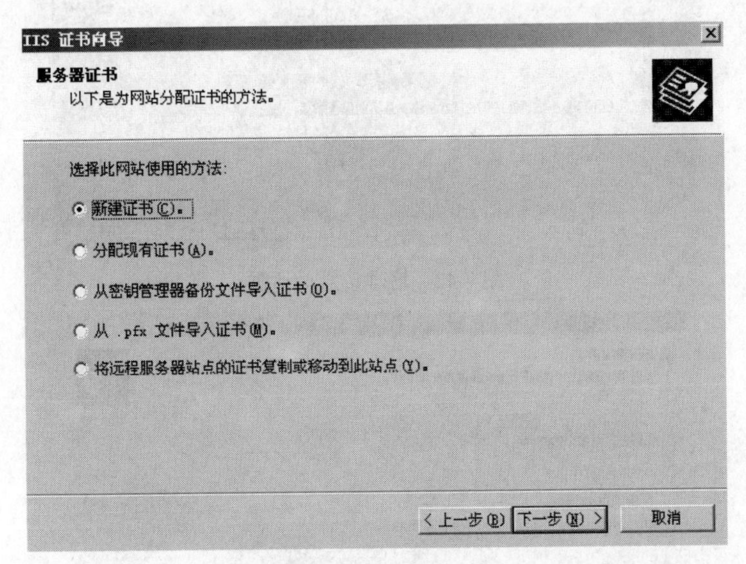

图 7-40　证书分配类型对话框

3）单击“下一步”按钮，填写服务器端证书的一些基本信息，在“单位”文本框中填写服务器端证书的单位名称，在“部门”文本框中填写服务器端证书的部门名称，如图 7-41 所示。

4）单击“下一步”按钮，填写国家、省市信息，如图 7-42 所示。

5）单击“下一步”按钮，设置证书请求文件的名称和路径，默认即可。如图 7-43 所示。单击“下一步”按钮完成服务器端证书申请文件的申请。

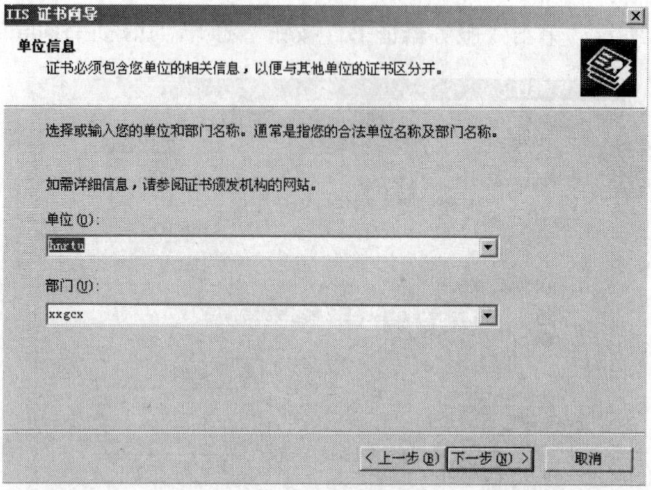

IIS 证书向导

单位信息

证书必须包含您单位的相关信息，以便与其他单位的证书区分开。

选择或输入您的单位和部门名称。通常是指您的合法单位名称及部门名称。

如需详细信息，请参阅证书颁发机构的网站。

单位(O)：hnrtu

部门(U)：xxgcx

<上一步(B) 下一步(N)> 取消

图 7-41　单位信息对话框

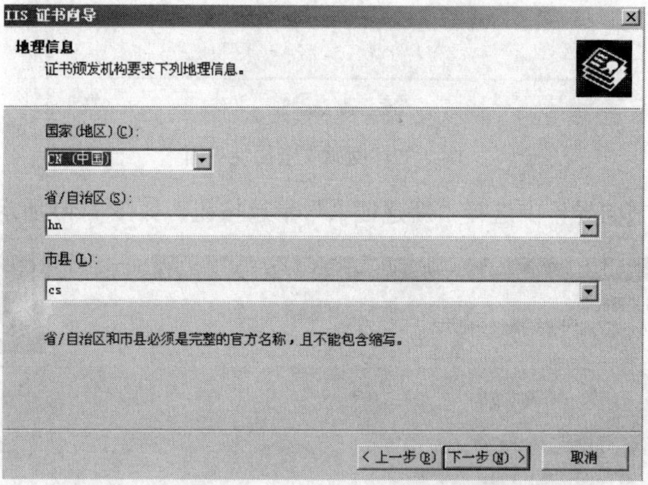

IIS 证书向导

地理信息

证书颁发机构要求下列地理信息。

国家(地区)(C)：CN (中国)

省/自治区(S)：hn

市县(L)：cs

省/自治区和市县必须是完整的官方名称，且不能包含缩写。

<上一步(B) 下一步(N)> 取消

图 7-42　地理信息对话框

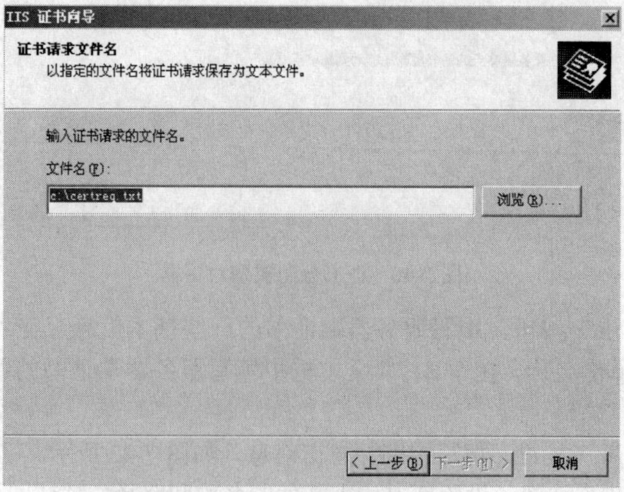

IIS 证书向导

证书请求文件名

以指定的文件名将证书请求保存为文本文件。

输入证书请求的文件名。

文件名(F)：c:\certreq.txt　浏览(R)...

<上一步(B) 下一步(N)> 取消

图 7-43　设置证书请求文件名

（2）为 Web 服务器申请证书。

1）在服务器端的 IE 浏览器中输入“http://CA服务器 IP/certsrv”。打开证书服务系统页面，如图 7-25 所示。单击“申请一个证书”选项，进入证书申请页面，如图 7-26 所示。

2）选择“高级证书申请”选项，打开“高级证书申请”页面，如图 7-44 所示。

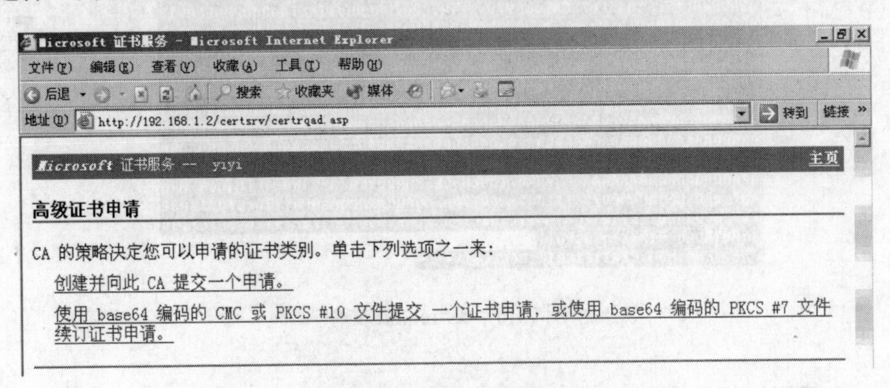

图 7-44　证书申请界面

选择“使用 base64 编码的 CMC 或 PKCS#10 文件提交一个证书申请，或使用 base64 编码的 PKCS#7 文件续订证书申请”选项，打开“提交一个证书申请或续订申请”界面，如图 7-45 所示。

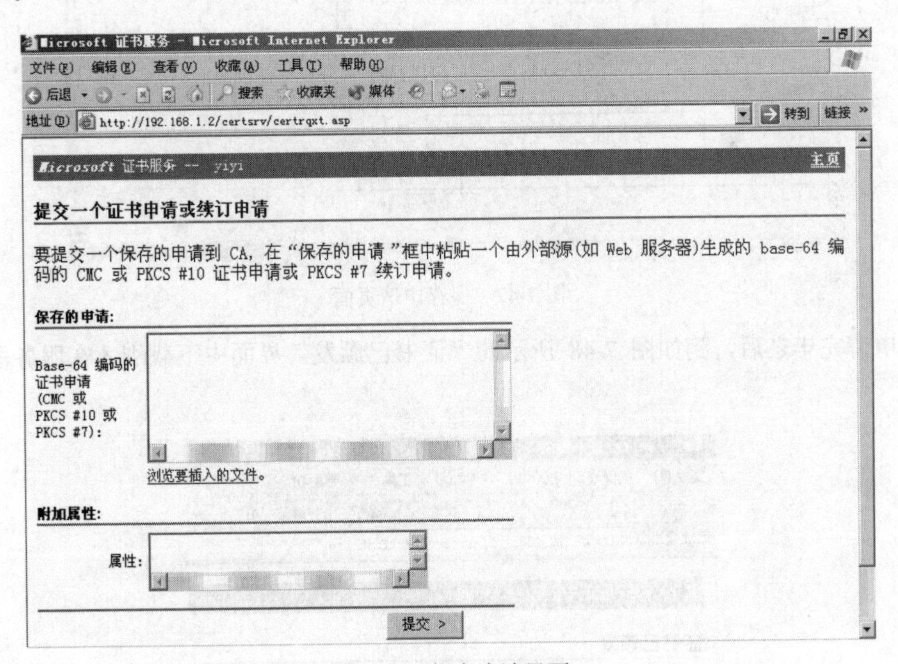

图 7-45　提交申请界面

3）打开 C 盘根目录下刚才申请的证书申请文件 certreq.txt，并选择全部内容，如图 7-46 所示。

4）将 certreq.txt 文件中的全部内容复制到图 7-47 中的“保存的申请”空白区域中，如图 7-47 所示。单击“提交”按钮，完成 Web 服务器端证书的申请。

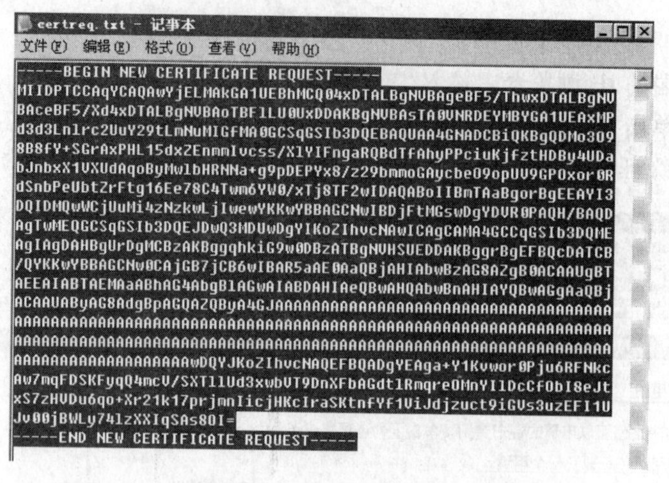

图 7-46 certreq.txt 文件

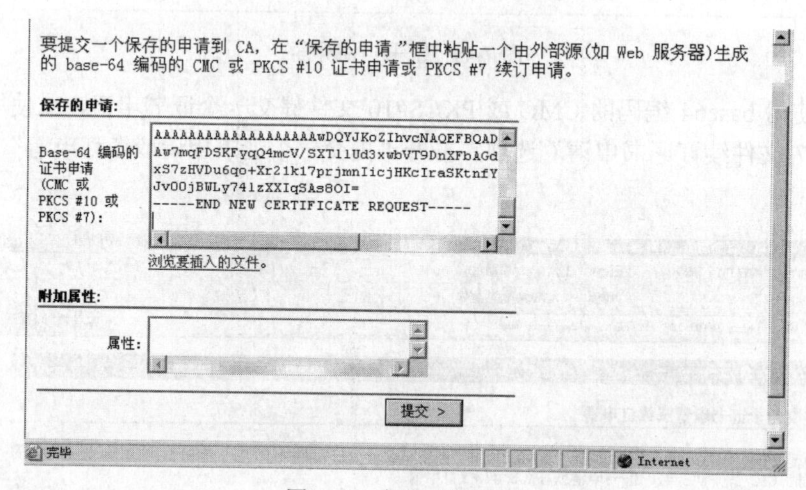

图 7-47 保存申请页面

5）申请完毕之后，到如图 7-48 所示的“证书已颁发”界面中下载刚才在服务器端申请的证书。

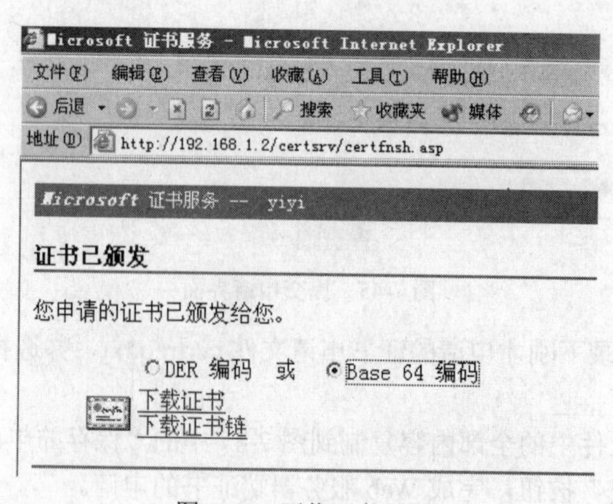

图 7-48 下载证书页面

（3）安装 Web 服务器端证书：通过服务器端证书申请后，接下来就是安装证书了，服务器端的证书安装是通过导入证书的方式完成的，具体操作步骤如下：

1）在服务器端的 IE 浏览器中输入“http://CA 服务器 IP/certsrv”。打开“证书服务系统”页面，如图 7-25 所示，单击“查看挂起的证书申请的状态”。

2）选择刚才 CA 管理员颁发的服务器端证书。在“证书已颁发”页面中选择“Base 64 编码”后单击“下载证书”按钮，如图 7-49 所示。

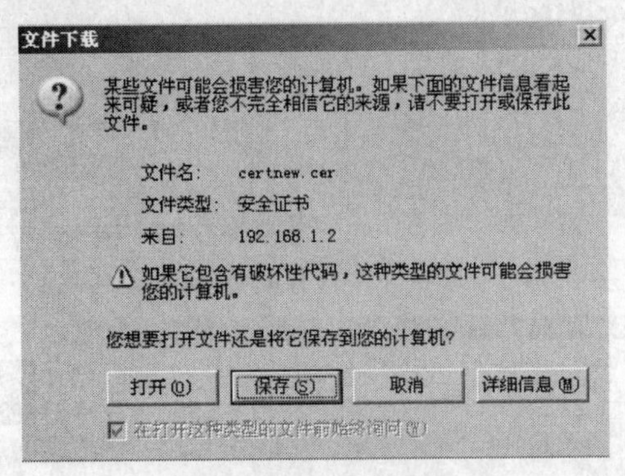

图 7-49　保存证书页面

3）在图 7-49 中，单击“保存”按钮，将证书文件 certnew.cer 保存到桌面上。

4）回到如图 7-39 所示界面，单击“服务器证书”按钮，在 IIS 证书向导中选择“处理挂起的请求并安装证书”，如图 7-50 所示。

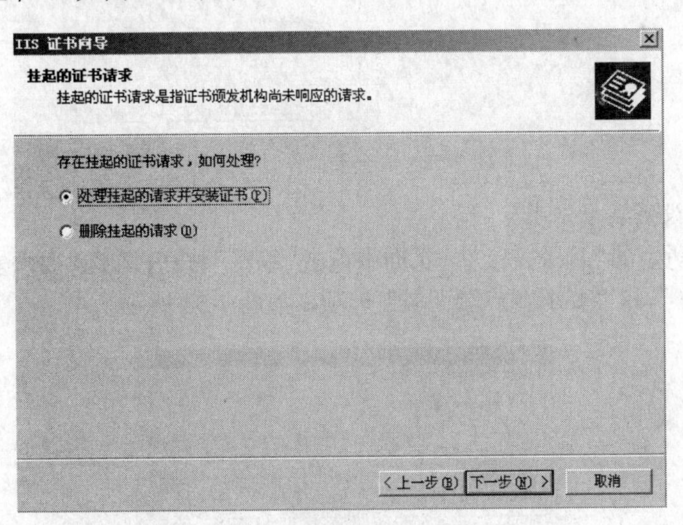

图 7-50　处理挂起的证书

5）单击“下一步”按钮，将图 7-51 中的文件路径设置为刚才保存到桌面的 certnew.cer 证书文件路径，将证书导入到服务器中。如配置正确，接下来便可以为网站设置 SSL 端口了，如图 7-52 所示，默认为“443”端口，一般不做修改。

6）单击“下一步”按钮，再次核对以上所填写信息，如果正确无误，单击“下一步”按钮完成服务器端的证书安装。

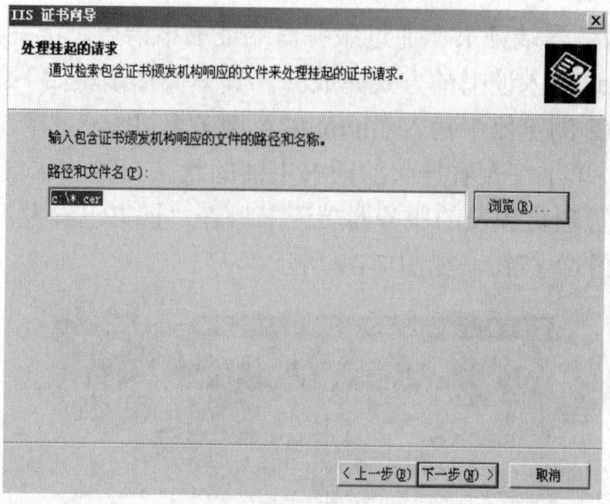

图 7-51　设置证书路径

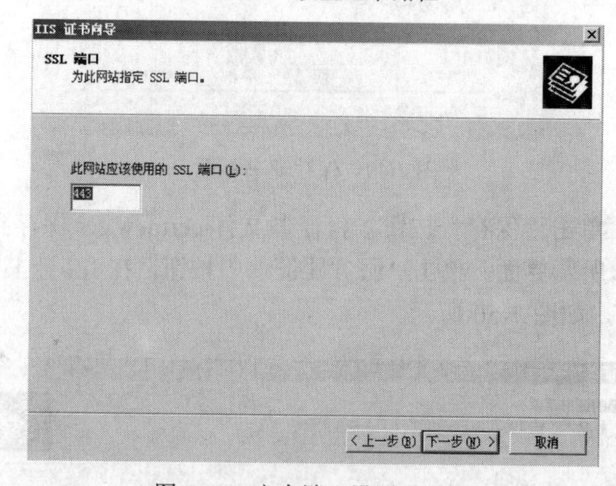

图 7-52　安全端口设置对话框

5. 为客户端设置要求证书访问

在如图 7-39 所示的“目录安全性”页面中单击“编辑”按钮，勾选“要求安全通道（SSL）”、“要求 128 为加密”和“要求客户端证书”选项，如图 7-53 所示。

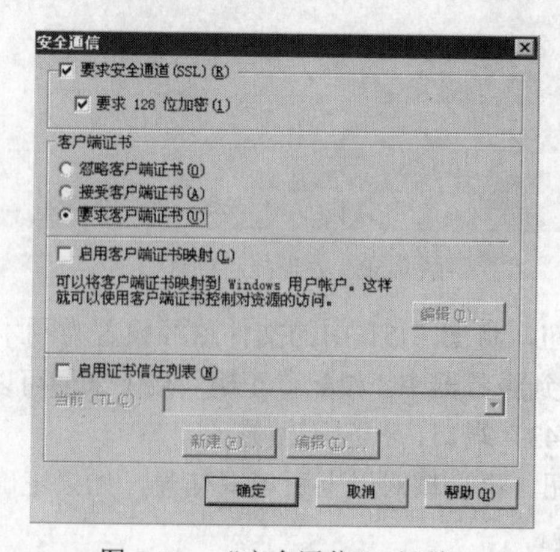

图 7-53　“安全通信”对话框

这样设置是为了让客户端与服务器通信时客户端必须要具备证书，否则通信不被允许，整个通信的过程都采用 128 位加密。如果希望客户端在没有证书的情况下也能访问网站，请选择“忽略客户端证书”选项。如果希望客户端在不管有没有证书的情况下都能访问网站，请选择“接受客户端证书”选项。

接下来测试结果，先进行未采用 SSL 加密通道的方式访问 Web 服务器。在客户端的 IE 浏览器中输入“http :// Web 服务器 IP”，可以看到此时已经无法打开页面，如图 7-54 所示。

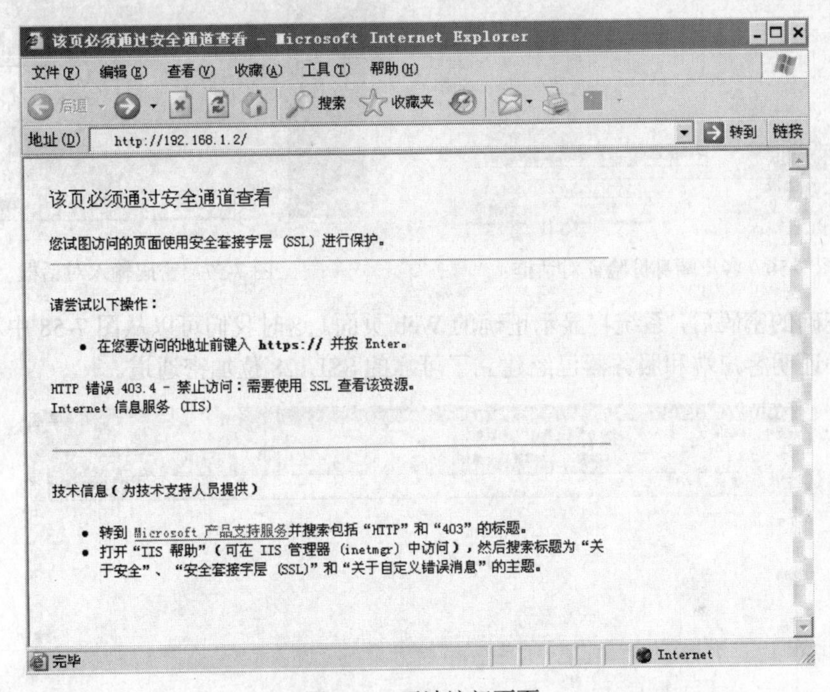

图 7-54　无法访问页面

改用 SSL 加密方式访问 Web 服务器，在客户端的 IE 浏览器中输入“https:// web 服务器 IP”。系统会提示要求只有拥有客户端证书的用户才能访问，如图 7-55 所示。

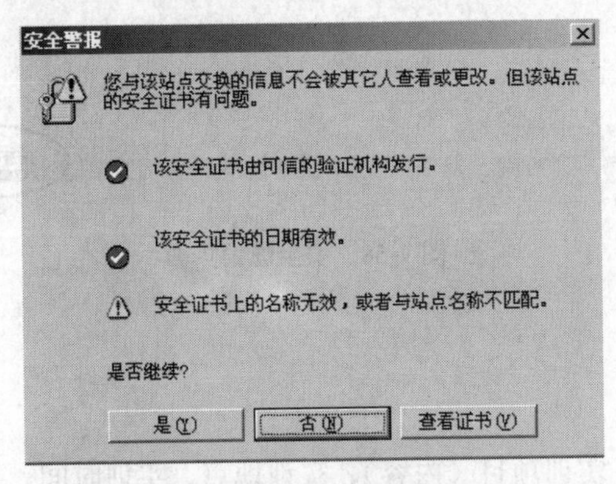

图 7-55　安全提示框

如果客户端拥有自己的证书，单击“是”按钮，这时将在“客户端身份验证”对话框中显示客户端所拥有的证书名称，如图 7-56 所示。

单击“确定”按钮，为防止其他用户访问 Web 页面。系统将会询问先前在图 7-31 中客户端申请证书时设置的密码，如图 7-57 所示。

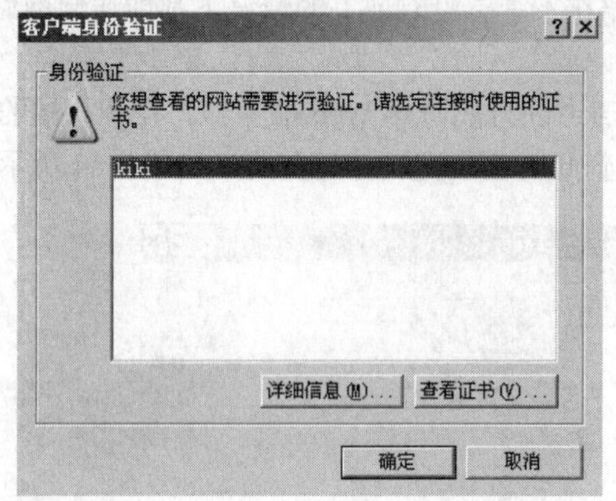

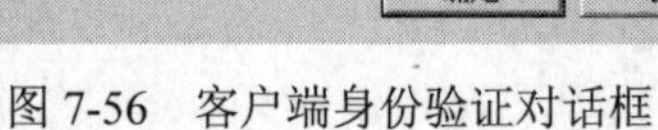
图 7-56　客户端身份验证对话框

图 7-57　密码输入对话框

输入正确的密码后，系统将显示正确的 Web 页面。这时我们可以从图 7-58 中看到一把黄色的小锁，证明客户端和服务器已经建立了可靠的 SSL128 位加密通道。

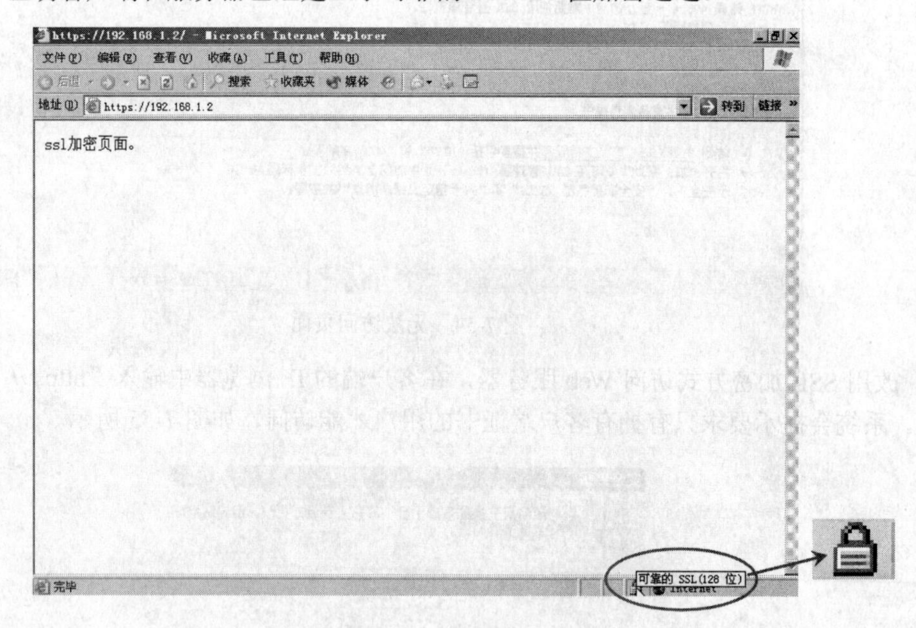

图 7-58　安全通信页面

7.2.4　实训报告

1. 实训概况

实训概况主要包括：实训项目（内容）、实训地点、实训时间、实训环境（硬件与软件）。

2. 实训过程

按照实训内容的步骤，做好实训过程的详细记录。

3. 实训思考

（1）什么是数字证书，它具体应用于什么领域？

（2）什么是证书颁发机构（CA）？

（3）在什么情况下 IE 浏览器页面右下角将出现黄色小锁？

4. 实训心得

简述通过该实训的收获与心得体会。

§7.3 Windows 内置防火墙的设置

7.3.1 实训概述

1. 实训背景

在本节中我们将会学习到如何利用 Windows XP 内置防火墙允许特定程序或端口连接网络。比如 QQ、BT、迅雷等网络软件。完成本项实训需要掌握防火墙的基本原理。

2. 实训目的

通过本项实训学生应掌握 Windows XP 内置防火墙设置的方法。

3. 实训内容

（1）启用防火墙。

（2）配置特定程序或端口连接互连网。

（3）配置允许通过防火墙的 ICMP 协议类型。

7.3.2 实训规划

1. 实训设备

（1）两台运行 Windows XP 系统的计算机，其中一台开启防火墙功能，另一台用来测试。

（2）集线器或交换机（1 台）。

（3）直连双绞线（2 根）。

2. 实训拓扑

完成内置防火墙实训的拓扑结构如图 7-59 所示。

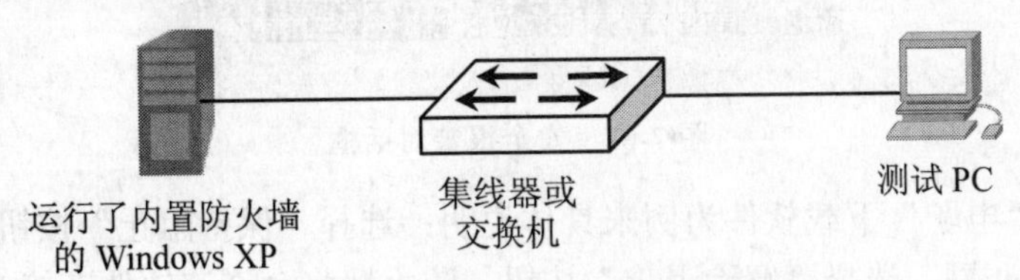

图 7-59 内置防火墙设置拓扑结构图

7.3.3 实训步骤

1. 启用 Windows 内置防火墙

在这里我们以运行 Windows XP 系统的计算机为例来说明如何配置 Windows 的内置防火墙功能。具体操作步骤如下：

（1）在“本地连接属性”对话框的“高级”选项卡中单击“设置”按钮，如图 7-60 所示。

（2）在“Windows 防火墙常规”选项卡中选择“启用”。启用 Windows 内置防火墙后，默认将阻止任何程序和端口连接 Internet，如图 7-61 所示。

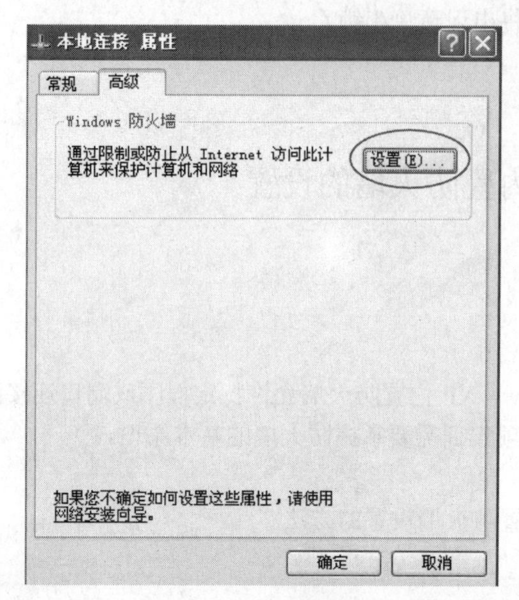

图 7-60 “本地连接属性”对话框

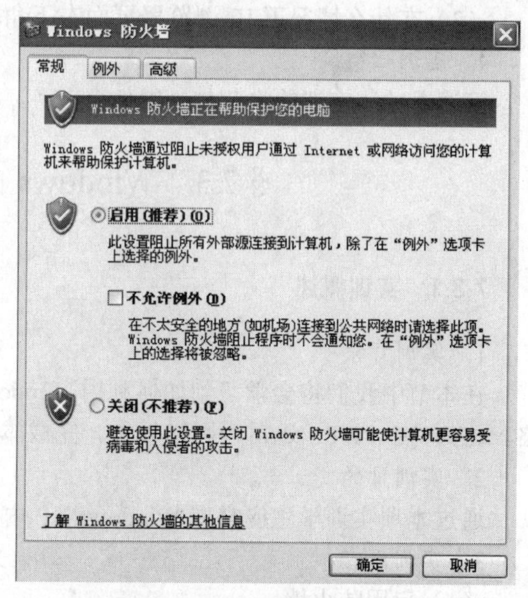

图 7-61 “设置防火墙常规”对话框

2. 配置特定程序或端口连接互连网

当打开有需要连接 Internet 网络的程序时，防火墙会提示如何操作，如图 7-62 所示。

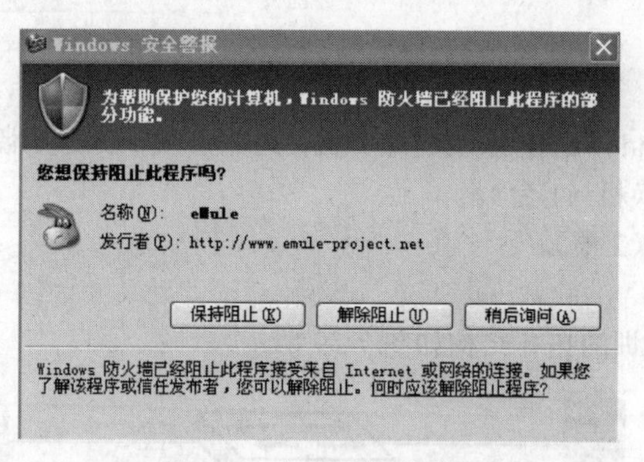

图 7-62 安全报警对话框

这里以启动“电驴”下载软件为例来具体说明：选择“保持阻止”按钮，防火墙将阻止该软件连接 Internet 网，选择“解除阻止”按钮，防火墙将允许该软件连接 Internet 网传输数据。解除阻止后的程序将会自动添加到防火墙信任列表中，以后如果该程序再有连接到网络的行为，将不再询问用户，如图 7-63 所示。我们也可以添加其他特定的端口到信任列表，允许防火墙信任该端口。具体操作步骤如下：

在图 7-63 中单击“添加端口”按钮，在“添加端口”对话框中依次填写网络服务的“名称”和其对应的“端口号”。以 FTP 服务为例，允许“21”号端口的数据包通过防火墙，如图 7-64 所示。

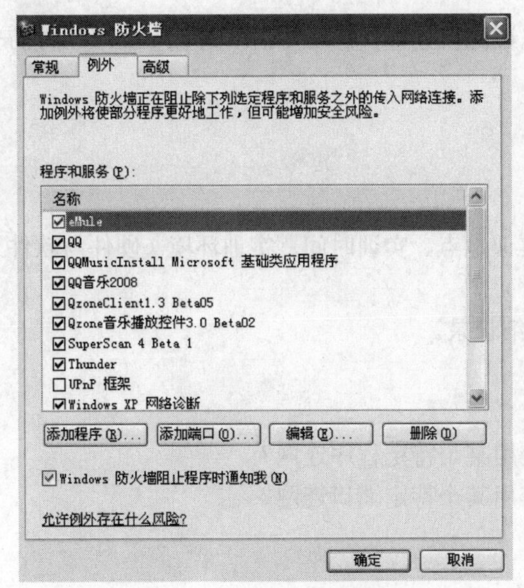

图 7-63　防火墙信任列表框

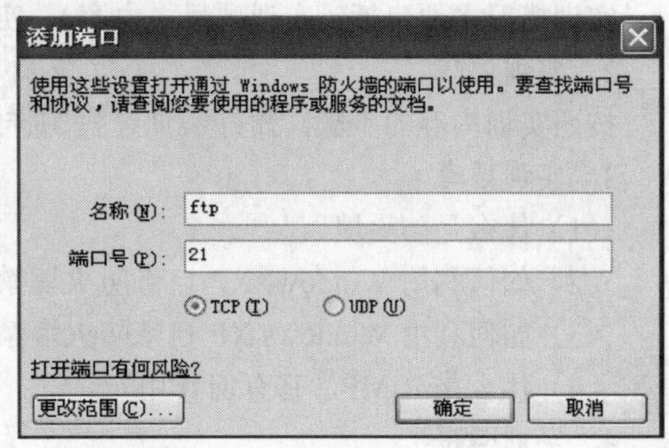

图 7-64　“添加端口”对话框

3. 配置允许 ICMP 类型数据包通过防火墙

当启用内置防火墙后，默认不允许任何 ICMP 类型的数据通过，我们可以通过设置来允许特定的 ICMP 数据包通过。具体设置步骤如下：

（1）在图 7-61 中单击“高级”标签，打开“防火墙高级设置”选项卡，如图 7-65 所示。

（2）在“网络连接设置”中选择需要设置的对象类型，这里选择对“本地连接”进行设置，单击“设置”按钮打开“ICMP 设置”对话框勾选允许通过的 ICMP 类型，如图 7-66 所示。

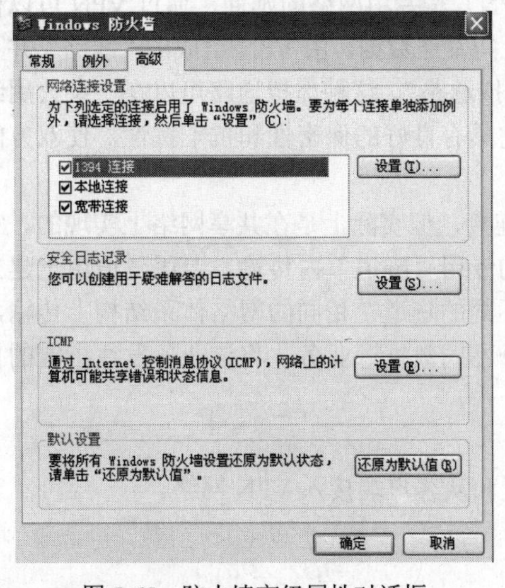

图 7-65　防火墙高级属性对话框

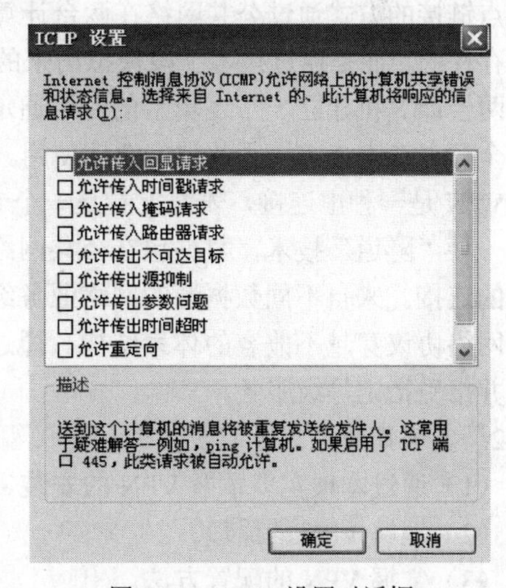

图 7-66　ICMP 设置对话框

其中“允许传入回显请求”表示本地计算机将回应 ping 请求。出于安全性考虑，一般防火墙都会禁止该项。

Windows 内置防火墙设置简单，但安全防范的等级比较低，只能简单的允许或阻止特定数据包通过。如果想进行更为细致的IP数据包过滤设置，我们还需借助其他专业级软件防火墙，如天网、瑞星等。

7.3.4 实训报告

1. 实训概况

实训概况主要包括：实训项目（内容）、实训地点、实训时间、实训环境（硬件与软件）。

2. 实训过程

按照实训内容的步骤，做好实训过程的详细记录。

3. 实训思考

（1）什么是防火墙？

（2）如何利用 Windows XP 自带防火墙禁用某个特定程序连网？

（3）如何利用 Windows XP 自带防火墙禁用某个特定端口连网？

（4）什么是 ICMP，它有何作用？

4. 实训心得

简述通过该实训的收获与心得体会。

§7.4 Windows 的 VPN 应用

7.4.1 实训概述

1. 实训背景

虚拟专用网络（Virtual Private Network，VPN）是专用网络的延伸，通过 VPN 可以模拟点对点链接的方式通过公共网络在两台计算机之间发送数据。由 VPN 组成的“线路”并不是物理存在的，而是通过技术手段模拟出来的“虚拟通路”。这种虚拟通路可以在一条公用线路中为两台计算机建立一个逻辑上的专用通道，它具有良好的保密性和抗干扰性，使双方能进行安全的点对点连接，因此被广泛地使用。

VPN 是一种虚连接，表面上看是一个专用连接，但实际上是在共享网络上实现的。它采用了一种“隧道”技术，数据包在公共网络中的专用“隧道”内传输，专用隧道用于建立点对点的连接。来自不同数据源的网络业务经由不同的隧道在相同的网络体系结构上传输，还允许网络协议穿越不兼容的体系结构。通过区分不同数据源业务，将该业务发往指定的目的地，并接受指定等级服务。

2. 实训目的

（1）通过本项实训掌握 VPN 的安装、配置和从客户端接入 VPN 网络。

（2）理解 VPN 的原理。

（3）掌握 VPN 的配置方法。

3. 实训内容

（1）安装、配置服务器端 VPN 服务。

（2）赋予客户端用户拨入 VPN 的权限。

（3）建立拨号连接。

7.4.2　实训规划

1. 实训设备

（1）安装 VPN 服务的 Windows Server 2003 的 PC（1 台）。

（2）运行 Windows XP 的客户机（1 台）。

（3）集线器或交换机（1 台）。

（4）交叉或直通双绞线（2 根）。

2. 实训拓扑

完成 VPN 应用实训的拓扑图如图 7-67 所示。

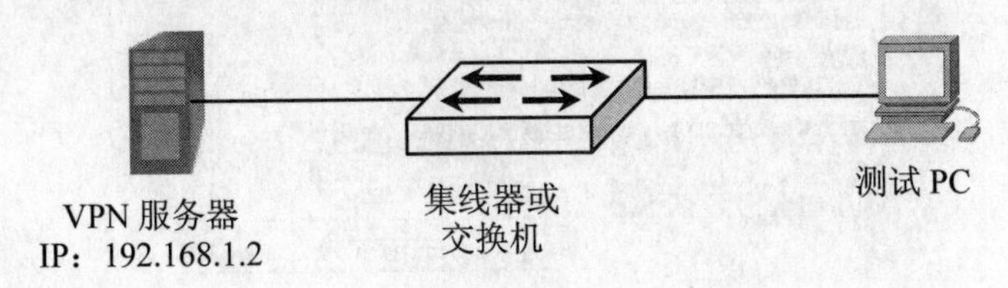

图 7-67　VPN 实训拓扑图

7.4.3　实训步骤

1. VPN 服务器端的配置

建立 VPN 网络的重点在于配置 VPN 服务器，默认情况下 Windows Server 2003 已经安装了 VPN 服务，VPN 服务器端具体配置步骤如下：

（1）通过"开始"→"管理工具"→"路由和远程访问"，打开"路由和远程访问"窗口，在服务器名称"SERVER（本地）"上右击选择"配置并启用路由和远程访问"，如图 7-68 所示。

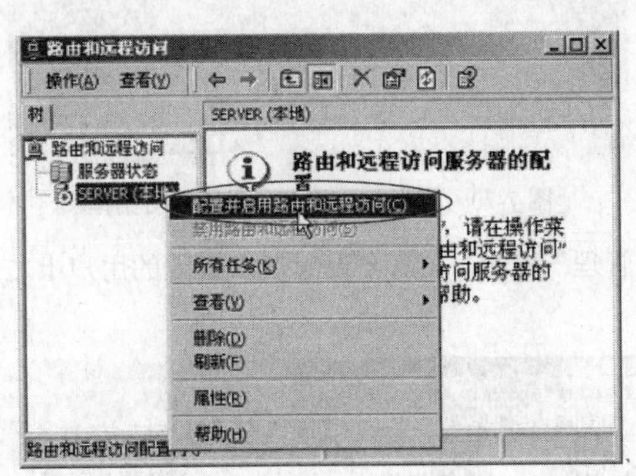

图 7-68　路由和远程访问窗口

（2）在"路由和远程访问服务器安装向导"中选择"自定义配置"，如图 7-69 所示。

（3）单击"下一步"按钮，选择"VPN 访问"，再单击"下一步"按钮，完成 VPN 服务的启动，如图 7-70 所示。

2. 赋予客户端用户拨入权限

完成 VPN 服务启动后，就可以为客户端赋予拨入权限了，只有拥有拨入权限的客户端用户才能接入服务器端 VPN 网络。出于安全性考虑，Windows Server 2003 默认拒绝任何用户通过拨号接入到 VPN 服务器上，我们可以通过设置赋予客户端拨入权限。具体操作步骤如下：

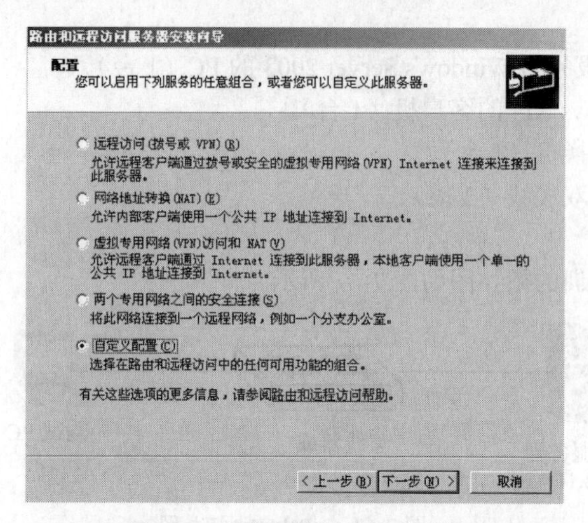

图 7-69　远程与访问配置对话框

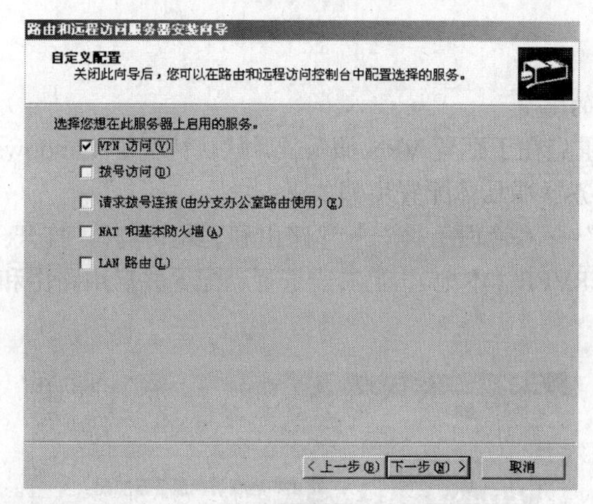

图 7-70　远程与访问自定义配置对话框

（1）打开“计算机管理”界面，在需要设置拨入权限的用户上右击，选择“属性”命令，如图 7-71 所示。

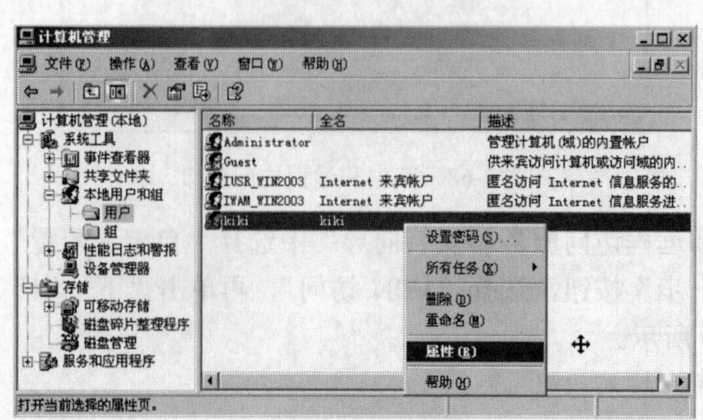

图 7-71　计算机管理界面

（2）在用户属性界面中单击“拨入”标签，然后选择“允许访问”选项，为客户端赋予用户拨入的权限，如图 7-72 所示。

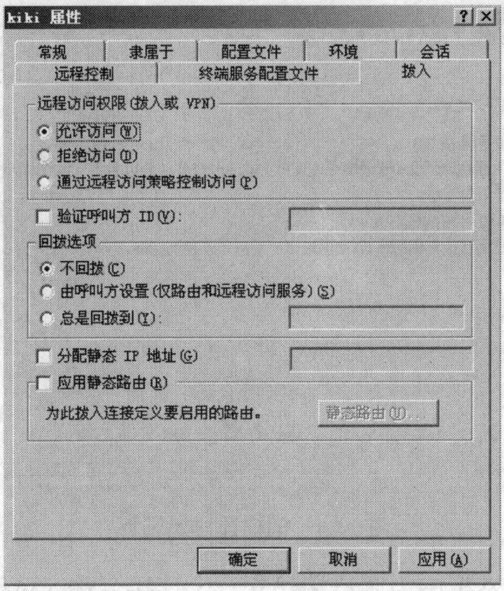

图 7-72　用户拨入权限对话框

注意：*客户端用户必须要设置密码才能拨入 VPN 服务器，拨入密码就是在服务器端用户的登录密码。*

3. 建立拨号连接

客户端需要通过拨号程序接入服务器端 VPN 网络，所以接下来我们要配置客户端拨号连接，具体步骤如下：

（1）在 Windows XP 的客户端上通过“开始”→“程序”→“附件”→“通讯”→“新建连接向导”选项新建一个拨号端，单击“下一步”按钮，选择“连接到我的工作场所的网络”单选按钮，如图 7-73 所示。

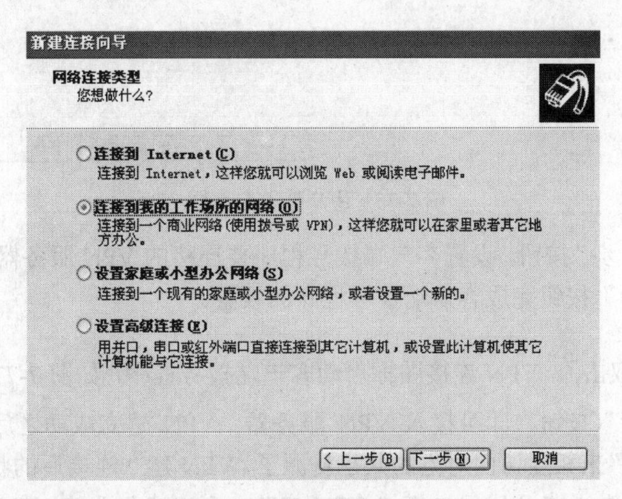

图 7-73　新建连接向导对话框

（2）单击“下一步”按钮，选择“虚拟专用网络连接”选项，如图 7-74 所示。

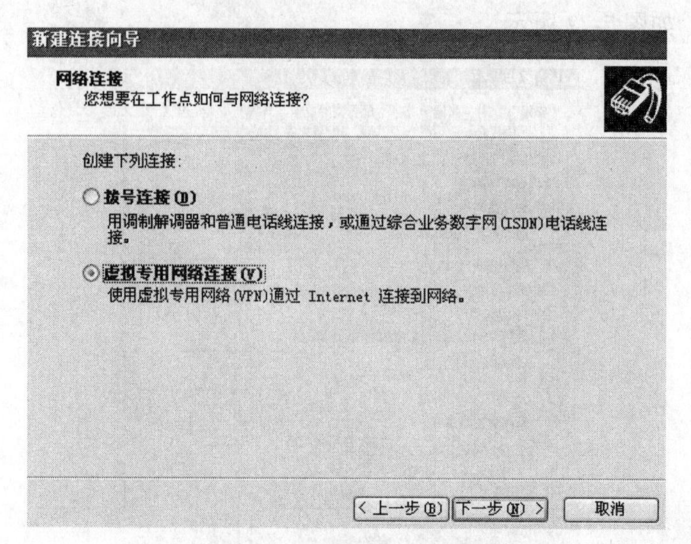

图 7-74　创建连接对话框

（3）在“公司名”文本框中为客户端建立一个连接名称（可以任意），如图 7-75 所示。

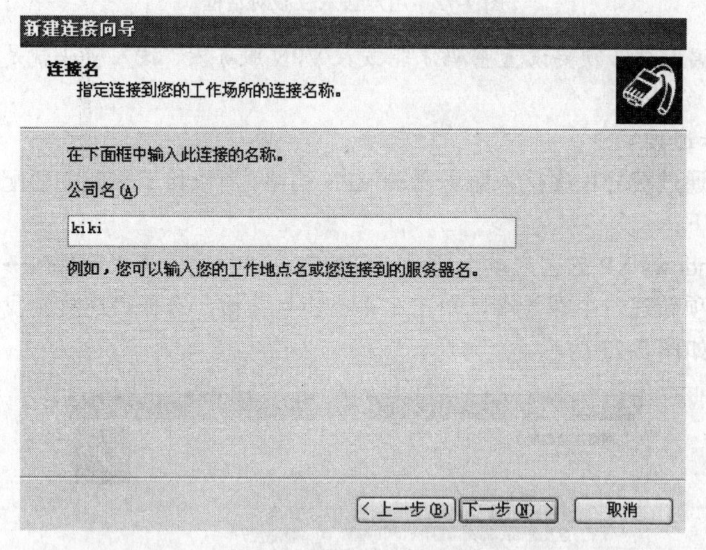

图 7-75　用户拨入名称框

（4）单击“下一步”按钮，设置客户端拨号程序要连接的 VPN 服务器 IP 地址，如图 7-76 所示。单击“下一步”按钮完成客户端拨号程序的设置。

（5）在桌面上双击 VPN 连接图标启动客户端拨号程序，如图 7-77 所示。输入用户名和密码后单击“连接”按钮，即可拨入 VPN 服务器。VPN 建立成功之后，双方便可以通过 IP 地址或“网上邻居”来相互访问对方的共享资源了。VPN 建立连接后的状态如图 7-78 所示。

注意：由于此实验是在局域网中模拟 VPN 实验，所以我们要将 VPN 服务器和拨入客户端的 IP 地址设置为同一网段。